海南瓜菜病毒病害诊断图谱

车海彦◎主编

中国农业科学技术出版社

图书在版编目（CIP）数据

海南瓜菜病毒病害诊断图谱 / 车海彦主编 . —北京：中国农业科学
技术出版社，2021. 1

ISBN 978-7-5116-5186-0

Ⅰ . ①海… Ⅱ . ①车… Ⅲ . ①瓜类蔬菜—病虫害防治—海南—图谱
Ⅳ . ①S436.42-64

中国版本图书馆 CIP 数据核字（2021）第 024949 号

责任编辑	姚　欢	
责任校对	贾海霞	
责任印制	姜义伟　王思文	
出 版 者	中国农业科学技术出版社	
	北京市中关村南大街12号　　邮编：100081	
电　　话	（010）82106631（编辑室）（010）82109702（发行部）	
	（010）82109709（读者服务部）	
传　　真	（010）82106631	
网　　址	http://www.castp.cn	
经 销 者	全国各地新华书店	
印 刷 者	北京建宏印刷有限公司	
开　　本	185mm×260mm　1/16	
印　　张	8.25	
字　　数	200千字	
版　　次	2021年1月第1版　　2021年1月第1次印刷	
定　　价	68.00元	

前　言
PREFACE

　　海南是我国冬季瓜菜的重要生产基地，随着瓜菜产业的快速发展，病毒病的为害日趋严重，已严重影响瓜菜产量和品质。笔者自2013年开始对海南瓜菜病毒病害进行研究，基本摸清了目前海南瓜菜上的主要病毒种类和为害特点，以此为基础，编著此书。

　　本书共5章。第一章是绪论，概述了病毒的发现、基本定义和特点，详细介绍了植物病毒的形态与结构、分类、病害症状、传播和检测技术，以及海南瓜菜病毒病发生情况。第二章至第五章系统介绍了侵染海南茄科、葫芦科、豆科和其他科瓜菜病毒的种类和田间典型症状，以及每种病毒的分类地位、形态、基因组、传播方式和寄主范围等。

　　本书中的病毒分类均参考国际病毒分类委员会（International Committee on Taxonomy of Viruses，ICTV）2019分类系统。本书中的部分描述、数据及图片参考和引用了相关文献、著作和数据库网站（ICTV、ViralZone和NCBI Virus）的内容。本书病毒病害田间典型症状照片均为车海彦博士在瓜菜病毒病调查研究工作中拍摄。

　　本书的出版得到中国热带农业科学院基本科研业务费（1630042019001）的资助，相关的研究工作得到了海南省基础与应用基础研究计划（自然科学领域）高层次人才项目（2019RC284）、海南省重大科技计划项目（zdkj201813）、公益性行业（农业）科研专项（201303028）等研究经费的大力支持。在此一并致谢！

　　由于作者水平有限，书中难免存在不足之处，敬请有关专家、读者在阅读和使用过程中提出宝贵意见和建议，以便重印或再版时修订和完善。

编者
2020年11月

《海南瓜菜病毒病害诊断图谱》

—— 编 委 会 ——

主 编：车海彦（中国热带农业科学院环境与植物保护研究所）

编 委：罗大全（中国热带农业科学院环境与植物保护研究所）

曹学仁（中国热带农业科学院环境与植物保护研究所）

沈文涛（中国热带农业科学院热带生物技术研究所）

张善学（海南正业中农高科股份有限公司）

目　录
CONTENTS

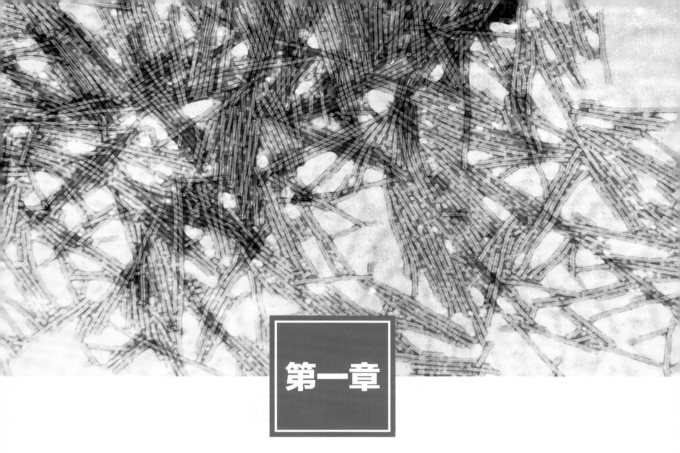

第一章

绪　论

一、病毒的发现

病毒的发现是从对病毒病的研究开始的。植物病毒病描述的最早文字记载可追溯到公元752年，日本一首短歌中描绘了"夏野草色已转黄"的情景，后来证实是由一种双生病毒引起的林泽兰黄化。17世纪30年代，一种感染病毒的郁金香因具有条斑花朵而备受喜爱，一株得病的郁金香球茎或种苗，可以换到数头牲畜，几吨谷物，甚至一个磨坊。18世纪后半叶，欧洲发生了由病毒引起的马铃薯退化病，表现为矮缩、块茎变小，给生产带来巨大损失，引起了人们的重视。

在发现病毒之前，人们就从解决病害的观点出发，开展了植物病毒的感染症状、寄主范围、传播方式、株系分化和血清学等方面的研究工作，这些研究工作为病毒的发现奠定了良好的基础。烟草花叶病毒（*Tobacco mosaic virus*，TMV）是第一个被发现的病毒，在植物病毒发现过程中，起着与众不同的作用。1886年，德国的Mayer首次描述了烟草花叶病，并且证明该病害能通过汁液传播。1892年，俄国的Ivanovski重复了Mayer的试验，不仅证实了Mayer所看到的现象，而且发现感染烟草花叶病的病株汁液通过细菌过滤器后仍具有侵染性，能引起健康的烟草植株发生花叶病。1898年，荷兰的Beijerinck不仅证实了Mayer和Ivanovski的结果，还证明这种病原物能在琼脂凝胶中扩散，而细菌却滞留于琼脂的表面。认为这种致病因子不是细菌，而是一种"侵染性活液"，并取名为"filterable virus"，神奇的病毒"诞生"了。1935年，美国的Stanley首次从患有花叶病的烟草提纯汁液中分离出一种蛋白晶体，将这种晶体再溶解后，仍具有致病性，从而认为病毒是一种蛋白质。1936年英国的Bawden和Pirie获得烟草花叶病毒的结晶，测定出该结晶由蛋白质和核酸组成。1939年，德国的Kausche、Pfankuch和Ruska首次在电子显微镜下观察到烟草花叶病毒的杆状形态，从此揭开了植物病毒研究的新篇章。

二、病毒的基本定义和特点

基本定义：病毒是一类比较原始的、有生命特征的、能够自我复制和严格细胞内寄生的非细胞生物。病毒可分为真病毒（简称病毒）和亚病毒因子，后者包括类病毒、拟病毒、卫星病毒、卫星核酸和阮病毒，前4种亚病毒因子在植物中均有发现。

病毒的特点：①形体微小，具有比较原始的生命形态和生命特征，缺乏细胞结构；②只含一种核酸（DNA或RNA）；③依靠自身的核酸进行复制，DNA或RNA含有复制、装配子代病毒所必需的遗传信息；④缺乏完整的酶和能量系统；⑤严格的细胞内寄生，任何病毒都不能离开寄主细胞独立复制和增殖。

三、植物病毒的形态与结构

病毒粒子是指完整成熟的、具有侵染力的病毒，主要由核酸和蛋白质构成。具有侵染性的核酸（DNA或RNA）携带有病毒复制所必需的遗传信息，被称为病毒基因组。包裹在核酸外部，起保护作用的蛋白质外壳称为衣壳。有些病毒粒子（如弹状病毒科和番茄斑萎病毒科的病毒）在最外面还具有包膜，包膜由脂类、蛋白质和多糖组成。植物病毒的基本形态可分为5种：线状、杆状、球状（或称等轴状）、双联体和杆菌状（图1-1）。

病毒的衣壳由许多蛋白质亚基以一定的方式装配而成。植物病毒的蛋白亚基一般只有一种，但也有个别病毒含有2种或3种亚基，如伴生豇豆病毒科（*Secoviridae*）的*Comoviruses*、*Fabaviruses*和*Sadwaviruses*，以及*Strawberry latent ringspot virus*有大小2种蛋白亚基，*Cheraviruses*、*Torradoviruses*、*Sequiviruses*和*Waikaviruses*有3种大小接近的蛋白亚基。衣壳有以下3种结构类型（图1-1）：①螺旋对称结构，指蛋白质亚基沿中心轴呈螺旋状排列，形成高度有序、对称的稳定结构，一般杆状和线状病毒为这种对称结构；②等轴对称结构，指蛋白质亚基有规律地排列成一个正二十面体的对称结构，一般球状病毒为这种对称结构；③复合对称结构，由螺旋对称结构和等轴对称结构复合而成，仅少数病毒衣壳为复合对称结构。

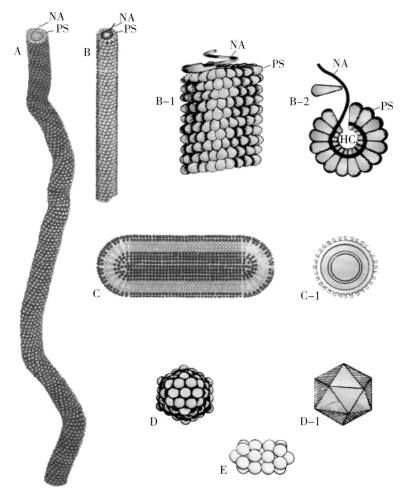

A.线状；B.杆状；B-1.A和B中蛋白质亚基（PS）和核酸（NA）的侧面排列；B-2.A和B的横截面图；HC.空心；C.杆菌状；C-1.C的横截面图；D.球状；D-1.二十面体；E.双联体。

图1-1　植物病毒基本形态与结构示意图
（引自Agrios，2005）

四、植物病毒的分类

国际病毒分类委员会（International Committee on Taxonomy of Viruses，ICTV）目前使用与Linnaean分类系统密切一致的15级分类阶元。其中8个主要等级分别为域（Realm）、界（Kingdom）、门（Phylum）、纲（Class）、目（Order）、科（Family）、属（Genus）、种（Species），7个衍生等级分别为亚域（Subrealm）、亚界（Subkingdom）、亚门（Subphylum）、亚纲（Subclass）、亚目（Suborder）、亚科（Subfamily）、亚属（Subgenus）（图1-2）。

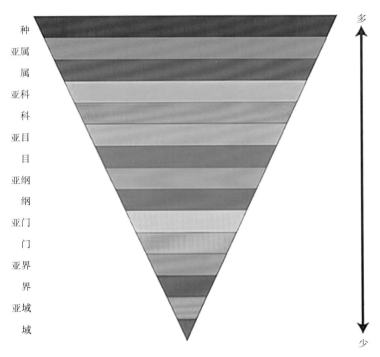

图1-2 15级病毒分类等级体系
（引自ICTV，https://talk.ictvonline.org/）

根据国际病毒分类委员会2019分类系统，侵染植物的病毒涉及2个域、3个界、7个门、13个纲、16个目、31个科、132个属、1 608个种，按照核酸类型可分为6大类群，即ssDNA病毒、dsRNA病毒、ssRNA（-）病毒、ssRNA（+）病毒、dsDNA-RT病毒和ssRNA-RT病毒，植物病毒的基本特性详见表1-1。侵染植物的亚病毒涉及类病毒2个科（*Avsunviroidae*和*Pospiviroidae*）、8个属、33个种，卫星核酸2个科（*Alphasatellitidae*和*Tolecusatellitidae*）、13个属、142个种，未确定科的卫星病毒有4个属（*Albetovirus*、*Aumaivirus*、*Papanivirus*和*Virtovirus*）、6个种。

表1-1 植物病毒基本特性（参考ICTV，有改动）

中文科名	英文科名	基因组成	基因组结构	基因组大小	有无包膜	病毒粒子形态和大小
矮缩病毒科	Nanoviridae	ssDNA	6~8个环状	每个片段长0.98~1.1kb	无	球状，直径18~20nm
双生病毒科	Geminiviridae	ssDNA	1或2个环状	每个片段长2.5~3kb	无	双联体，大小为22nm×38nm
无移动蛋白类双生病毒科	Genomoviridae	ssDNA	1个环状	约2.2kb	无	球状，直径约20nm
呼肠孤病毒科	Reoviridae	dsRNA	9~12个线性片段	基因组总长19~32kb	无	球状，直径60~85nm
混合病毒科	Amalgaviridae	dsRNA	1个线性片段	约3.5kb	未见报道	未见报道
双分病毒科	Partitiviridae	dsRNA	2个线性片段	每个片段长1.4~2.4kb	无	球状，直径25~43nm
蛇形病毒科	Aspiviridae	ssRNA（-）	3或4个线性片段	基因组总长11.3~12.5kb	无	裸露的线性核衣壳，直径约3nm，形成卷曲的圈，至少有两种不同轮廓长度（约700nm和2 000nm），卷曲的圈可以折叠形成直径9~10nm假线性双螺旋结构
弹状病毒科	Rhabdoviridae	ssRNA（-）	1个线性片段	11~15kb	有	杆菌状，长100~430nm，直径100nm
无花果花叶病毒科	Fimoviridae	ssRNA（-）	4~8个线性片段	基因组总长12.3~18.5kb	无	近球形，直径80~100nm
白岭热细纤病毒科	Phenuiviridae	ssRNA（-）/ssRNA（+/-）	3~6个线性片段	基因组长10~26kb	无	细丝状，长大于100nm，直径为3~10nm
甜菜死黄脉病毒科	Benyviridae	ssRNA（+）	4或5个线性片段	每个片段长度分别约为6.7kb、4.6kb、1.8kb、1.4kb、1.3kb	无	刚直杆状，长65~390nm，直径约20nm

（续表）

中文科名	英文科名	基因组组成	基因组结构	基因组大小	有无包膜	病毒粒子形态和大小
雀麦花叶病毒科	*Bromoviridae*	ssRNA（+）	3个线性片段	基因组总长约8kb	无	球状或近球状，直径26~35nm；杆菌状，长30~85nm，直径18~26nm
长线形病毒科	*Closteroviridae*	ssRNA（+）	1或2个线性片段	基因组总长13~19kb	无	弯曲的长线状，长650~2 000nm，直径约12nm
内源RNA病毒科	*Endornaviridae*	ssRNA（+）	1个线性片段	9.7~17.6kb	无	无病毒粒子
北岛病毒科	*Kitaviridae*	ssRNA（+）	2~4个线性片段	基因组总长13.7~14.7kb	*Cilevirus*和*Higrevirus*：无包膜 *Blunervirus*：未见报道	*Cilevirus*和*Cilevirus*：杆菌状，长约150nm，直径约50nm *Higrevirus*：杆菌状，长约50nm，直径约30nm *Blunervirus*：未见报道
梅奥病毒科	*Mayoviridae*	ssRNA（+）	2个线性片段	基因组总长7.6~9.0kb	无	近球状，直径30~40nm
植物杆状病毒科	*Virgaviridae*	ssRNA（+）	1~3个线性片段	基因组总长6.3~13.0kb	无	刚直的长杆状，长度可达300nm，直径约20nm
甲型线状病毒科	*Alphaflexiviridae*	ssRNA（+）	1个线性片段	6.0~9.0kb	无	线形，长470~800nm，直径10~15nm
乙型线状病毒科	*Betaflexiviridae*	ssRNA（+）	1个线性片段	6.5~9.0kb	无	弯曲线形，长600~1 000nm，直径12~13nm
丁型线状病毒科	*Deltaflexiviridae*	ssRNA（+）	1个线性片段	约8.3kb	未见报道	未见报道
芜菁黄花叶病毒科	*Tymoviridae*	ssRNA（+）	1个线性片段	6.0~7.5kb	无	球状，直径约30nm
黄症病毒科	*Luteoviridae*	ssRNA（+）	1个线性片段	5.0~6.0kb	无	球状，直径25~30nm
番茄丛矮病毒科	*Tombusviridae*	ssRNA（+）	*Dianthovirus*为2个线性片段，其他属均为1个线性片段	*Dianthovirus*：3.7~4.0kb和1.3~1.4kb 其他属：4~5.4kb	无	球状，直径28~34nm

（续表）

中文科名	英文科名	基因组组成	基因组结构	基因组大小	有无包膜	病毒粒子形态和大小
灰霉欧尔密病毒科	*Botourmiaviridae*	ssRNA（+）	3个线性片段	每个片段长度分别约为2.8kb、1.1kb和0.97kb	无	杆菌状，末端呈锥形，长30～62nm，直径18nm
伴生豇豆病毒科	*Secoviridae*	ssRNA（+）	1或2个线性片段	单分体基因组长度为9.8～12.5kb；二分体基因组长度分别为5.8～8.4kb和3.3～7.3kb	无	球状，直径25～30nm
南方菜豆花叶—品红病毒科	*Solemoviridae*	ssRNA（+）	1个线性片段	4.0～5.0kb	无	球状，直径为25～30nm
马铃薯Y病毒科	*Potyviridae*	ssRNA（+）	1或2个线性片段	单分体基因组长度为9.3～10.8kb 二分体基因组长度分别为7.3～7.6kb和3.5～3.7kb	无	线状 单分体病毒长度为650～900nm，直径11～15nm；二分体病毒长度为250～300nm和500～600nm，直径11～15nm
番茄斑萎病毒科	*Tospoviridae*	ssRNA（+/−）	3个线性片段	每个片段长度分别约为8.8kb、4.8kb和3kb	有	球状，直径80～120nm
花椰菜花叶病毒科	*Caulimoviridae*	dsDNA-RT	1个环状	7.2～9.8kb	无	二十面体，直径42～52nm；杆菌状，长130～150nm，直径30nm
转座病毒科	*Metaviridae*	ssRNA-RT	1个线性片段	4～10kb	未见报道	未见报道
伪病毒科	*Pseudoviridae*	ssRNA-RT	1个线性片段	5～9kb	无	球状，直径60～80nm

五、植物病毒病害的症状

症状是识别和鉴定病毒病的基础。植物受病毒侵染后，通常表现多种症状，大致可分为4种类型：变色、坏死、畸形和潜隐。

变色类型包括花叶、斑驳、黄花叶、黄化、白化、红化、紫化、橙叶、碎色、杂色、脉花叶、脉间花叶、镶边花叶、奥古巴花叶、印花、星状花叶、褪绿、明脉、条纹、线纹、橡叶纹、黄点、黄斑、脉带、紫化、彩斑和疱斑等。

坏死类型包括斑点、蚀纹、环斑、条斑、条点、线条坏死、条纹坏死、坏死纹、坏死环斑、枯斑、顶端坏死、叶脉坏死、网状坏死、斑萎、果实坏死和裂皮等。

畸形类型包括矮化、矮缩、丛矮、丛枝、丛簇、扭曲、蕨叶、耳突、丛顶、束顶、肿枝、卷叶、增生、茎沟、茎痘、皱叶、缩叶、皱褶、曲叶、节间缩短、萎蔫、凋萎、巨芽、帚顶叶、小叶、窄叶、线叶、粗脉、不孕、脉突、卷叶和木栓化等。

潜隐类型包括潜隐、无症和隐症等。

六、植物病毒病害的传播方式

根据自然传播方式的不同，植物病毒病害的传播可以分为非介体和介体两种方式。非介体传播指无生物介体的传播，主要包括种子或花粉传播、机械接种传播、嫁接传播、营养繁殖体传播、菟丝子传播、土壤传播等（图1-2）。介体传播是指依附在其他生物体上，借助其他生物的活动而进行传播。介体主要包括昆虫、真菌、螨类、线虫等，其中昆虫介体有蚜虫、粉虱、蓟马、叶蝉、角蝉、飞虱、粉蚧、甲虫等（图1-3）。一种介体可以传播多种病毒，如烟粉虱可传播至少400种植物病毒，蚜虫可以传播至少275种植物病毒。一种病毒也可能有多种传播方式，如黄瓜花叶病毒不仅可以通过多种蚜虫传播，还可通过种子、菟丝子及机械接种进行传播。

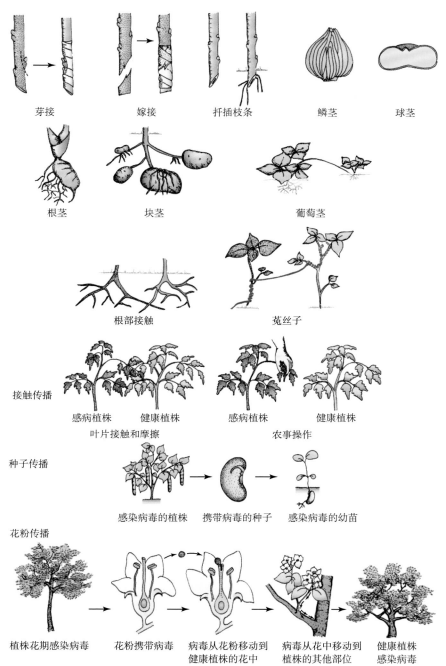

芽接　　　嫁接　　　扦插枝条　　　鳞茎　　　球茎

根茎　　　　　块茎　　　　　葡萄茎

根部接触　　　　　　　菟丝子

接触传播

感病植株　　健康植株　　　感病植株　　健康植株

叶片接触和摩擦　　　　　　　农事操作

种子传播

感染病毒的植株　　携带病毒的种子　　感染病毒的幼苗

花粉传播

植株花期感染病毒　　花粉携带病毒　　病毒从花粉移动到　　病毒从花中移动到　　健康植株
　　　　　　　　　　　　　　　　　　健康植株的花中　　植株的其他部位　　感染病毒

图1-2　植物病毒的非介体传播

（引自Agrios，2005）

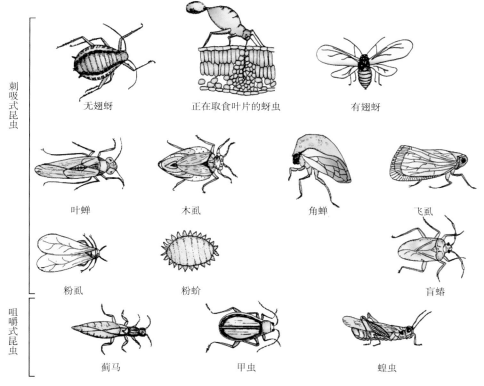

刺吸式昆虫

无翅蚜　　　　正在取食叶片的蚜虫　　　　有翅蚜

叶蝉　　　　木虱　　　　角蝉　　　　飞虱

粉虱　　　　粉蚧　　　　盲蝽

咀嚼式昆虫

蓟马　　　　甲虫　　　　蝗虫

图1-3　传播植物病毒的昆虫介体
（引自Agrios，2005）

七、植物病毒的检测技术

（一）生物学检测技术

生物学检测技术即鉴别寄主或指示植物检测法，是植物病毒检测最基本的方法，主要根据病毒或其株系在一些特定植物上能引起专化性症状反应的特点来检测病毒。这种专化性反应与其他病毒在该植物上的侵染反应有差异，如TMV接种心叶烟产生枯斑（图1-4），马铃薯X病毒（*Patato virus X*，PVX）接种千日红产生红色边缘的局部枯斑，马铃薯M病毒（*Patato virus M*，PVM）接种白花曼陀罗产生系统枯斑。凡是病毒侵染后能产生快而稳定，并且具有特征性症状的植物都可以作为鉴别寄主。常用的鉴别寄主植物有普通烟、本氏烟、心叶烟、曼陀罗、苋色藜、昆诺藜、反枝苋、灰藜、千日红、洋酸浆、假酸浆、矮牵牛、鸡冠花、百日菊、番杏、黄苗榆、甜菜、菠菜、小白菜、黄瓜、西葫芦、菜豆、豇豆、绿豆、蚕豆、扁豆、番茄、辣椒和茄子等。

图1-4　TMV侵染新叶烟引起的枯斑症状

在实际检测中，一种植物病毒往往不能根据单一鉴别寄主，而是要根据一套鉴别寄主谱来确定病毒种类，鉴别寄主谱包含系统侵染的寄主、局部侵染的寄主和不受侵染的寄主，如十字花科植物4种病毒的鉴别寄主谱（表1-2）。

表1-2　十字花科植物4种病毒的鉴别寄主谱（引自https://wenku.baidu.com）

病毒	普通烟	心叶烟	黄瓜	白菜
芜菁花叶病毒	局部枯斑	系统枯斑	不感染	系统花叶
萝卜花叶病毒	局部枯斑	局部枯斑	不感染	局部或系统枯斑
黄瓜花叶病毒	系统花叶	系统花叶	系统花叶	不侵染或系统花叶
烟草花叶病毒	系统花叶	局部枯斑	不感染	系统花叶

生物学检测方法的优点是技术简单易行，无需贵重仪器和设备。缺点是需要带有防虫网的温室或网室种植寄主植物，工作量大，时间长，症状表现易受环境因子（如光照、温度）、栽培条件、接种时间等因素影响。因此，在使用指示植物检测法的同时，往往还需与其他检测技术相结合以提高准确度。

（二）血清学检测技术

血清学方法应用历史较长，早期主要应用在细菌和动物病毒检测上，现已成为植物病毒检测的主要方法。植物病毒的抗原性主要是由病毒的外壳蛋白决定的。利用植物病毒外壳蛋白的抗原特性，制备特异性的抗血清，利用抗原和抗体体外特异性免疫反应检测植物病毒（图1-5）。一般在病毒的不同科或属之间没有血清学关系，在同一病毒属内也并不是所有病毒之间都有血清学关系。由于这种免疫化学反应具有特异性强、灵敏度高、快速、准确和简便的特点，已被广泛用于病毒检测、鉴定和分类等工作中。常用的血清学检测方法有沉淀法、凝集法、琼脂免疫扩散法、免疫电泳、酶联免疫吸附法和免疫电镜等。

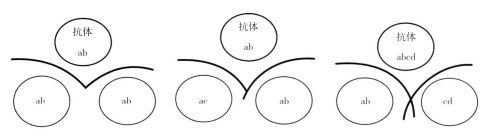

图1-5 琼脂双扩散反应沉淀线判断图

（引自吴云锋，1999）

酶联免疫吸附法（Enzyme-linked immunosorbent assay，ELISA）是血清学检测中最常用的方法。ELISA的原理是将抗原、抗体的免疫反应和酶的高效催化反应有机的结合在一起，即通过化学的方法将酶与抗体结合起来，形成酶标抗体。把抗原或抗体附着于固体表面，用结合了某种酶的特异性抗体（酶标抗体）和抗原结合形成免疫和酶的复合物（抗原+酶标抗体），然后加入酶的反应底物，酶催化无色的底物，发生水解、氧化或还原等反应，生成有色产物（图1-6）。可通过肉眼或酶标仪判断和测定结果，反应液的颜色越深，说明病毒浓度越高（图1-7）。常用的ELISA法有直接法、间接法和双抗体夹心法。

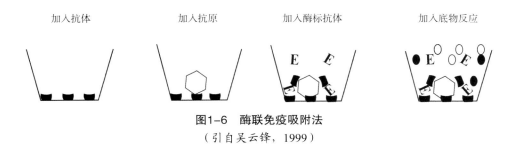

图1-6 酶联免疫吸附法

（引自吴云锋，1999）

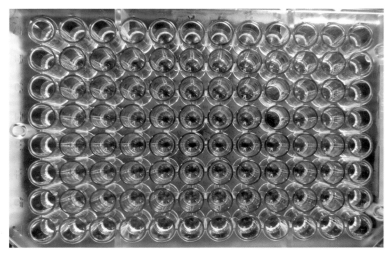

图1-7　酶联免疫吸附法检测结果

（三）电子显微镜检测技术

电子显微镜观察是研究植物病毒的经典方法，对植物病毒学的发展起到了巨大的推动作用。1939年，人们首次通过电子显微镜观察到烟草花叶病毒的杆状形态。电子显微镜可以直接看到病毒粒子的存在与否、形态结构，是最直接，最准确的检测病毒的手段，有着不可替代的作用（图1-8）。常用的方法有负染色法、超薄切片法和免疫电镜技术等。

负染色法：该方法利用金属盐对蛋白质不能染色的原理。病毒粒体的表面是蛋白外壳，重金属盐在病毒粒体周围的背景处沉积下来，造成很强的电子散射而形成较暗的背景，样品则成为易被电子束穿透的电子透明颗粒。图像为暗背景上的亮物体，如同照片的底片，故这种染色方法被称为负染。常用的负染剂有磷钨酸和醋酸双氧铀。

超薄切片法：该方法主要用于观察病毒在寄主细胞内的分布及细胞内含体等病变特征。整个制样过程繁琐，包括取材、固定、脱水、渗透、包埋聚合、切片和染色等步骤。常用的固定剂有锇酸和戊二醛，常用柠檬酸铅和醋酸双氧铀进行双重染色。

免疫电镜技术：该方法是将免疫学原理与电镜负染技术相结合，利用抗原抗体的亲和性和吸附性这一特点，使病毒能较集中地沉集在有效视野内，便于电镜下观察，大大提高了检测概率。常用的方法有聚集法（血清诱捕法）和修饰法。

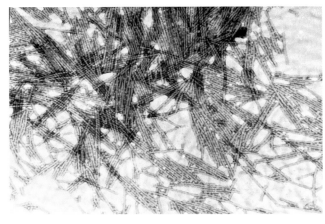 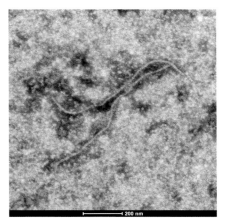

烟草花叶病毒　　　　　　　　苹果茎痘病毒（李正男提供）

图1-8　病毒粒子在电子显微镜下的照片

（四）分子生物学检测技术

1. 核酸杂交技术

核酸杂交技术（Nucleic acid hybridization）根据互补的核酸单链可以重新结合的原理，将待检测病毒的一段特定序列用同位素或非放射性地高辛等加以标记制成探针，与目标病毒核酸杂交后便能指示病毒的存在。核酸杂交技术与电子显微镜和血清学检测技术相比，在检测的准确性、灵敏度和特异性上都得到了极大的提高。

2. 聚合酶链式反应

聚合酶链式反应（Polymerase chain reaction，PCR）是一种在体外快速扩增特定DNA序列的方法，即在DNA聚合酶催化下，以母链DNA为模板，以特定引物为延伸起点，通过变性、退火、延伸等步骤，体外复制出与母链模板DNA互补的子链DNA的过程（图1-9）。随着技术的发展，出现了免疫捕获PCR技术、巢式PCR技术和多重PCR技术等。因PCR技术具有快速、简便、灵敏度高和特异性强等优点，在对已知病毒的检测中得到了广泛的应用，目前为植物病毒检测应用中的主流技术。

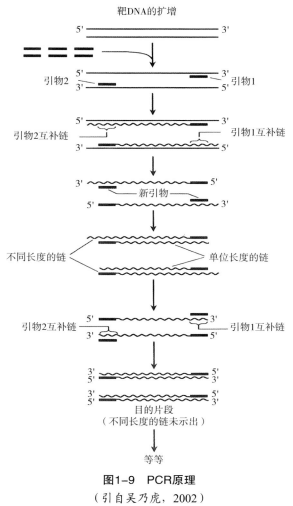

图1-9 PCR原理
（引自吴乃虎，2002）

3. 实时荧光定量PCR技术

实时荧光定量PCR（Real-time fluorescent quantitative PCR）技术，是指在PCR反应体系中加入荧光基团，利用荧光信号积累实时监测整个PCR进程，最后通过标准曲线对未知模板进行定量分析的方法。该技术于1995年由美国PE公司推出，与常规PCR相比，具有特异性更强、自动化程度高等特点，不仅可以用于定性分析还可以用于定量检测，适用于大规模样品的检测。

4. 基因芯片

基因芯片（Gene chip）又称为DNA微列阵（DNA Microarray），基于核酸互补杂交原理，将大量探针分子（人工合成的碱基序列）按一定顺序固定在载体上，形成致密、有序的DNA分子点阵，然后与带有荧光标记的样品进行杂交，通过对杂交信号的分析，识别样品中存在的特异性核酸序列（图1-10），具有高通量、并行化和微型化的特点。根据杂交体系分为固相基因芯片技术和液相基因芯片技术。该技术在植物病毒检测方面的最大优势是可同时检测多种病毒，但也具有技术成本高、对实验条件要求严格、不利于普及推广等局限性。

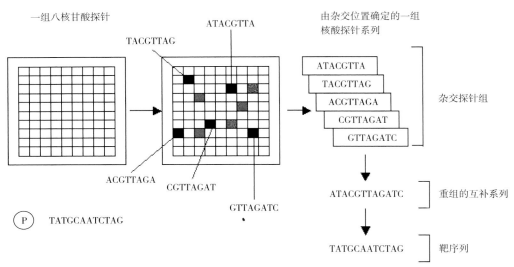

一组八核甘酸探针

图1-10 基因芯片原理
（引自https://baike.baidu.com）

5. 高通量测序技术

高通量测序（High-throughput sequencing）又称为第二代测序（Next-generation sequencing，NGS），是一种能一次对几十万到几百万的DNA分子进行序列测定的技术手段，这种测序技术使得对一个物种的转录组和基因组进行细致全貌地分析成为可能。2005年，Roche公司推出了第一款高通量基因组测序系统——Genome Sequencer 2.0 System，标志着NGS技术的诞生。NGS研究目前常用的是Ilumina平台，其产品覆盖了从低通量的Mini-Seq到超高通量的HiSeqX系列，运行稳定、数据可靠、性价比高；其次是Roche454平台和Ion Torrent平台，他们能够提供较长的读长（400~700bp），因而在基因组结构较为复杂的研究上应用相对较多，然而与Illumina平台相比，其高昂的费用、低通量等缺点限制了它们的广泛应用（表1-3）。

表1-3 NGS测序平台的优缺点（引自马宇欣等，2016，略有改动）

平台	读长（bp）	通量Run	运行时间	错误率	优势	局限性
Illumina MiniSeq High output	75/150（PE）	1.6~7.7Gb	7~24h	≤1%		
Illumina MiSeq v3	75~300（PE）	3.3~15Gb	21~56h	0.10%	通量高	读取高AT或CG
Illumina NextSeq 500/550	75/150（PE）	16~120Gb	15~29h	<1%	运行速度快 费用低	富集片段时，错误率高
Illumina HiSeq 2500 v2 Rapid run	50~250（PE）	25~150Gb	16~60h	0.10%	性价比高	
IlluminaHiSeq X	150（PE）	800~900Gb	<3d	0.10%		
454 GS Junior System	400~1 000（SE，PE）	35~70Mb	10~18h	1%	读长长	通量低
454 GS FLX	450~1 000（SE，PE）	450~700Mb	10~23h	1%	精确度高	价格昂贵
Ion PGM™ System	200~400（SE）	30M~1Gb	3~23h	1%	灵活快速费用低	单向测序限制其应用
Ion Proton™ System	200（SE）	10Gb	2~4h	1%		
Ion S5 System	200~400（SE）	600M~15Gb	2.5~4h	1%		

（SE：Single-end Sequencing 单端测序；PE：Pair-end Sequencing 双端测序）

　　NGS技术革新了植物病毒的鉴定诊断方法，在未知病毒的发现与鉴定中发挥了巨大优势。利用NGS技术检测病毒和发掘病毒资源的实验流程主要包括样品的制备、文库构建、上机测序、平台测序数据分析和结果验证。数据分析是NGS的关键和难点，其主要过程包括利用各种生物信息学软件对原始测序数据进行去接头处理、拼接组装，以及在NCBI数据库进行BLAST比对等（图1-11）。

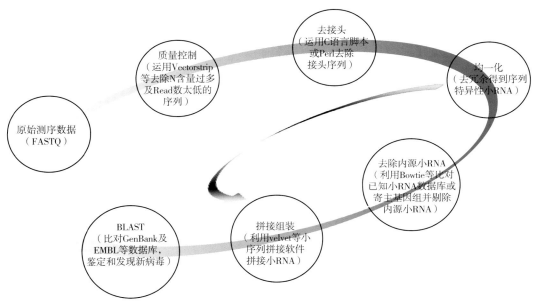

图1-11　深度测序技术检测病毒的生物信息学分析流程
（引自钱亚娟等，2014）

　　（1）基于病毒宏基因组学的NGS法检测病毒。高通量测序技术的诞生和病毒宏基因组学研究方法的建立，突破了早期对病毒逐个分析的技术局限，开启了快速、精准、高通量检测病毒（群落）的新纪元。病毒宏基因组学（病毒组学）以环境样品中所有病毒的遗传物质为研究对象，直接从样品中提取DNA/RNA或者富集病毒相关的核酸，以此构建宏基因组文库，借助于快速、高效、高通量的测序技术来获得全部病毒遗传物质组成，可以揭示庞大的未知病毒群体，是一种发现新病毒和监测预警病毒病害发生的有力手段，在病毒的起源和进化、物种多样性、群落多样性及生态学研究方面也具有重要意义。这种研究方法无需已知病毒核酸序列，直接以环境样品中的病毒群落为研究对象，而且可以在混合样本中分离出病毒序列，并组装成更长的片段甚至是完整的基因组序列。将拼接出的序列与已知病毒库进行比对，根据序列相似度及系统发育关系可以确定未知病毒所属的类群。目前，基于高通量

测序技术的宏基因组方法被广泛应用于病毒组的研究中，在发现和鉴定新病毒及检测病毒流行性上具有显著优势。

（2）基于小RNA深度测序的NGS法检测病毒。RNA沉默（RNA silencing）是一种广泛存在于植物、动物、线虫和真菌等真核生物中的一种高度保守、序列特异的RNA降解机制，对于调控发育、维持基因组的稳定性以及响应生物和非生物胁迫等具有重要作用。当病毒侵入寄主植物细胞后，植物会通过启动RNA沉默机制来抵抗病毒的侵入和危害，病毒在复制、转录过程中产生的双链形态RNA会被寄主的核酸内切酶（Dicer like protein）切割成小干扰RNA分子（Small interfering RNA，siRNA），借助于RNA诱导沉默复合体（RNA-induced silencing complex，RISC），siRNA会序列特异性地结合并降解病毒基因组RNA或mRNA，从而达到清除病毒的目的。

1999年，Hamilton等在马铃薯X病毒侵染的植物中发现了大量病毒特异的小RNA，证实寄主的RNA沉默能够靶向病毒RNA，因此通过对小RNAs（small RNAs，sRNAs）进行深度测序，测得的序列中含有与病毒序列高度一致的siRNA序列，通过组装可以获得相关的病毒基因组信息，为病毒鉴定和发现提供充足的证据。目前，基于小RNA深度测序的NGS法已被广泛应用于病毒的鉴定诊断及病毒资源的挖掘中。

与传统的病毒检测技术相比，NGS检测病毒有以下优势：①可以在短时间内检测到未知病毒；②广谱性，不受病毒基因组的类型限制，在一个测序反应中可以同时检测DNA病毒、RNA病毒和类病毒；③灵敏度高；④通过将每个样品带上特异的标签，NGS能够对多个不同来源的样品同时进行病毒检测，节约成本。NGS方法检测病毒也存在一定的局限性：①研究人员要精通生物信息学分析方法；②NGS不能获得全长的病毒基因组信息；③不能证实新发现的病毒与病害发生的相关性。

八、海南瓜菜病毒病发生情况概述

海南是我国冬季北运瓜菜的主要生产基地，2018年瓜菜播种面积约29.04万公顷，总产量约675.06万吨，主要种植种类为辣椒、番茄、茄子、黄瓜、苦瓜、冬瓜、西瓜、甜瓜、豇豆、菜豆等。北运瓜菜已成为海南热带高效农业中的主要支柱产业。随着海南瓜菜产业的快速发展，病毒病在瓜菜上的为害日趋严重，已严重影响瓜菜品质和产量。田间调查发现，番茄、辣椒、黄瓜、南瓜、瓠子、丝瓜和西瓜等瓜菜病毒病发生普遍。番茄病毒病在陵水发生最为严重，生长中后期，许多地块的病毒病发生率高达100%。辣椒病毒病在三亚、琼海等地发生严重。黄瓜病毒病在南部市县发生严重，三亚有些地块的病毒病发生率高达100%。西瓜病毒病在万宁、陵水和三亚的部分地块发生严重。甜瓜病毒病在东方和乐东的部分地块发生严重。豇豆和菜豆病毒病发生相对轻，但南部市县豆科蔬菜病毒病的发生率有逐年上升趋势。茄子、苦瓜、冬瓜、小白菜、萝卜、空心菜、芹菜、生菜和菠菜等瓜菜上的病毒病田间零星发生。通过ELISA、RT-PCR和小RNA深度测序发现，海南瓜菜病毒病不仅田间症状多样，而且病毒种类繁多，一株植物中可能存在十几种病毒，田间混合侵染现象非常普遍。

第二章

海南茄科蔬菜病毒病害

目前侵染茄科植物的病毒至少涉及29个科、69个属、636个种。我国已报道的侵染茄科蔬菜的病毒至少涉及16个科、16个属、77个种（含2个未确定属的种）（表2-1），其中32种为双生病毒科成员。

海南番茄上的病毒主要为菜豆金色花叶病毒属（*Begomovirus*）病毒、黄瓜花叶病毒（*Cucumber mosaic virus*，CMV）、烟草花叶病毒（*Tobacco mosaic virus*，TMV）、番茄斑驳花叶病毒（*Tomato mottle mosaic virus*，ToMMV）、番茄花叶病毒（*Tomato mosaic virus*，ToMV）、南方番茄病毒（*Southern tomato virus*，STV）、番茄褪绿病毒（*Tomato chlorosis virus*，ToCV）。番茄受病毒侵染后主要表现为8种典型症状。

（1）花叶型：叶片呈黄绿或深浅相间的花叶。当花叶症状严重时经常伴随皱缩、下卷、扭曲、变紫、叶脉坏死、背部叶脉变紫等症状。

（2）蕨叶型：叶片逐渐变窄，边缘微卷，严重时呈线状。

（3）卷叶型：叶片边缘上卷，变脆硬，经常伴随叶缘黄化坏死。

（4）黄化型：中上部叶片黄化，逐渐白化。

（5）条斑型：从植株中下部叶片开始，脉间出现淡黄色斑块，颜色逐渐变为亮黄色，症状逐渐向上发展，黄色部分逐渐变为红褐色坏死条斑，严重时整片叶子枯死。

（6）小叶型：叶片变小，经常伴随花叶、轻微皱缩、叶片变紫和植株矮化等症状。

（7）皱缩型：叶片皱缩，伴随轻微褪绿。

（8）曲叶型：叶片边缘上卷，有时伴随皱缩。植株若在早期感染病毒病，经常表现矮化，果实瘦小、易开裂、不能正常转红、多呈花脸状。

海南辣椒上的病毒主要为CMV、TMV、甜椒脉斑驳病毒（*Pepper veinal mottle virus*，PVMV）、辣椒脉斑驳病毒（*Chilli veinal mottle virus*，ChiVMV）、辣椒环斑病毒（*Chilli ringspot virus*，ChiRSV）、辣椒轻斑驳病毒（*Pepper mild mottle virus*，PMMoV）、辣椒脉黄化病毒（*Pepper vein yellows virus*，PeVYV）、甜椒内源RNA病毒（*Bell pepper alphaendornavirus*，BPEV）。辣椒受病毒侵染后主要表现5种典型症状。

（1）花叶型：主要表现为深绿色、浅绿色、浅黄色或白色相间的斑驳。根据严重程度不同，可分为轻花叶和重花叶。轻花叶叶面基本平整。重花叶叶面常凹凸不平、皱缩、有疱斑，叶脉偶尔也会出现皱缩。

（2）黄化型：可分为3种类型。①脉间褪绿逐渐黄化，但主脉和侧脉附近仍保持绿色；②叶片先出现轻微黄色脉带，然后从叶柄向叶尖逐渐黄化，最后整个叶片变为黄色；③植株中上部叶片均匀黄化。

（3）丛簇型：花叶、少分枝、易形成单枝，病株矮小。

（4）畸形型：叶片皱缩、扭曲、变小或呈蕨叶状。

（5）皱缩型：叶片皱缩，严重时，叶脉也表现皱缩。植株若在早期发病，植株易表现矮化，果实瘦小、僵化，果面凹凸不平、出现浓淡相间斑驳。

海南茄子上的病毒主要为CMV。茄子受病毒侵染后主要表现花叶、黄斑、疱斑、明脉、扭曲、皱缩和矮化等症状。

表2-1　侵染我国茄科蔬菜的病毒种类

序号	中文名称	学名	科属名称
1	南方番茄病毒	*Southern tomato virus*	*Amalgaviridae*，*Amalgavirus*
2	马铃薯M病毒	*Potato virus M*	*Betaflexiviridae*，*Carlavirus*
3	马铃薯S病毒	*Potato virus S*	
4	苜蓿花叶病毒	*Alfalfa mosaic virus*	*Bromoviridae*，*Alfamovirus*
5	黄瓜花叶病毒	*Cucumber mosaic virus*	*Bromoviridae*，*Cucumovirus*
6	番茄不孕病毒	*Tomato aspermy virus*	
7	大丽花花叶病毒	*Dahlia mosaic virus*	*Caulimoviridae*，*Caulimovirus*
8	莴苣褪绿病毒	*Lettuce chlorosis virus*	*Closteroviridae*，*Crinivirus*
9	番茄褪绿病毒	*Tomato chlorosis virus*	
10	甜椒内源RNA病毒	*Bell pepper alphaendornavirus*	*Endornaviridae*，*Alphaendornavirus*
11	辣椒内源RNA病毒	*Hot pepper alphaendornavirus*	
12	菜豆内源RNA病毒1号	*Phaseolus vulgaris alphaendornavirus 1*	
13	胜红蓟耳突病毒	*Ageratum enation virus*	*Geminiviridae*，*Begomovirus*
14	中国胜红蓟黄脉病毒	*Ageratum yellow vein China virus*	
15	花莲胜红蓟黄脉病毒	*Ageratum yellow vein Hualian virus*	
16	胜红蓟黄脉病毒	*Ageratum yellow vein virus*	

（续表）

序号	中文名称	学名	科属名称
17	巴基斯坦辣椒曲叶病毒	*Chili leaf curl Pakistan virus*	
18	大戟黄花叶病毒	*Erectites yellow mosaic virus*	
19	红麻曲叶病毒	*Kenaf leaf curl virus*	
20	长蒴母草黄脉病毒	*Lindernia anagallis yellow vein virus*	
21	红河赛葵黄脉病毒	*Malvastrum yellow vein Honghe virus*	
22	云南赛葵黄脉病毒	*Malvastrum yellow vein Yunnan virus*	
23	菲律宾赛葵曲叶病毒	*Malvastrum leaf curl Philippines virus*	
24	中国番木瓜曲叶病毒	*Papaya leaf curl China virus*	
25	番木瓜曲叶病毒	*Papaya leaf curl virus*	
26	云南辣椒曲叶病毒	*Pepper leaf curl Yunnan virus*	
27	马里辣椒黄脉病毒	*Pepper yellow vein Mali virus*	
28	金腰剑曲叶病毒	*Synedrella leaf curl virus*	
29	烟草曲茎病毒	*Tobacco curly shoot virus*	
30	烟草曲叶病毒	*Tobacco leaf curl virus*	*Geminiviridae*,
31	云南烟草曲叶病毒	*Tobacco leaf curl Yunnan virus*	*Begomovirus*
32	中国番茄曲叶病毒	*Tomato leaf curl China virus*	
33	广东番茄曲叶病毒	*Tomato leaf curl Guangdong virus*	
34	广西番茄曲叶病毒	*Tomato leaf curl Guangxi virus*	
35	海南番茄曲叶病毒	*Tomato leaf curl Hainan virus*	
36	台湾番茄曲叶病毒	*Tomato leaf curl Taiwan virus*	
37	阿萨尔基亚番茄黄化曲叶病毒	*Tomato yellow leaf curl Axarquia virus*	
38	中国番茄黄化曲叶病毒	*Tomato yellow leaf curl China virus*	
39	广东番茄黄化曲叶病毒	*Tomato yellow leaf curl Guangdong virus*	
40	马拉加番茄黄化曲叶病毒	*Tomato yellow leaf curl Malaga virus*	
41	双柏番茄黄化曲叶病毒	*Tomato yellow leaf curl Shuangbai virus*	
42	泰国番茄黄化曲叶病毒	*Tomato yellow leaf curl Thailand virus*	
43	番茄黄化曲叶病毒	*Tomato yellow leaf curl virus*	
44	云南番茄黄化曲叶病毒	*Tomato yellow leaf curl Yunnan virus*	

（续表）

序号	中文名称	学名	科属名称
45	甜菜西方黄化病毒	*Beet western yellows virus*	
46	南瓜蚜传黄化病毒	*Cucurbit aphid-borne yellows virus*	
47	甜瓜蚜传黄化病毒	*Melon aphid-borne yellows virus*	*Luteoviridae*，*Polerovirus*
48	辣椒脉黄化病毒	*Pepper vein yellows virus*	
49	烟草扭脉病毒	*Tobacco vein distorting virus*	
50	辣椒隐潜病毒1号	*Pepper cryptic virus 1*	*Partitiviridae*，
51	辣椒隐潜病毒2号	*Pepper cryptic virus 2*	*Deltapartitivirus*
52	辣椒环斑病毒	*Chilli ringspot virus*	
53	辣椒脉斑驳病毒	*Chilli veinal mottle virus*	
54	甜椒脉斑驳病毒	*Pepper veinal mottle virus*	
55	马铃薯Y病毒	*Potato virus Y*	*Potyviridae*，*Potyvirus*
56	辣椒斑驳病毒	*Pepper mottle virus*	
57	芜菁花叶病毒	*Turnip mosaic virus*	
58	野生番茄花叶病毒	*Wild tomato mosaic virus*	
59	番茄黄斑驳相关病毒	*Tomato yellow mottle-associated cytorhabdovirus*	*Rhabdoviridae*，*Cytorhabdovirus*
60	蚕豆萎蔫病毒2号	*Broad bean wilt virus 2*	*Secoviridae*，*Fabavirus*
61	烟草丛顶病毒	*Tobacco bushy top virus*	*Tombusviridae*，*Umbravirus*
62	番茄坏死斑点相关病毒	*Tomato necrotic spot-associated virus*	*Tombusviridae*，未确定属
63	樱桃番茄坏死环斑病毒	*Cherry tomato necrotic ringspot virus*	
64	辣椒褪绿病毒	*Capsicum chlorosis orthotospovirus*	
65	辣椒黄环斑病毒	*Chilli yellow ringspot orthotospovirus*	
66	花生黄斑病毒	*Groundnut yellow spot orthotospovirus*	*Tospoviridae*，*Orthotospovirus*
67	凤仙花坏死斑病毒	*Impatiens necrotic spot orthotospovirus*	
68	番茄斑萎病毒	*Tomato spotted wilt orthotospovirus*	

（续表）

序号	中文名称	学名	科属名称
69	番茄环纹斑点病毒	*Tomato zonate spot orthotospovirus*	*Tospoviridae，*
70	西瓜银斑驳病毒	*Watermelon silver mottle orthotospovirus*	*Orthotospovirus*
71	黄瓜绿斑驳花叶病毒	*Cucumber green mottle mosaic virus*	
72	辣椒轻斑驳病毒	*Pepper mild mottle virus*	
73	番茄花叶病毒	*Tomato mosaic virus*	
74	烟草花叶病毒	*Tobacco mosaic virus*	*Virgaviridae，Tobamovirus*
75	烟草轻绿花叶病毒	*Tobacco mild green mosaic virus*	
76	番茄斑驳花叶病毒	*Tomato mottle mosaic virus*	
77	番茄褐色皱果病毒	*Tomato brown rugose fruit virus*	

一、菜豆金色花叶病毒属（*Begomovirus*）病毒

双生病毒科（*Geminiviridae*）是目前已知侵染植物种类最多的病毒科，分为*Becurtovirus*、*Begomovirus*、*Capulavirus*、*Curtovirus*、*Eragrovirus*、*Grablovirus*、*Mastrevirus*、*Topocuvirus*、*Turncurtovirus*共9个属，其中*Begomovirus*是双生病毒科中所含病毒种类最多的属。1974年，Bock等人首次在甘蔗和玉米上发现了双生病毒的存在。1983年，龚祖陨等通过电镜观察到烟草曲叶病毒孪生颗粒的存在，证实双生病毒在我国的发生。由于当时这类病毒发生范围较小，危害不大，因而并未引起人们的重视。全球气候变暖和耕作方式的改变以及国际间贸易的增加，导致双生病毒病害在全球范围的传播。近年来，双生病毒已在热带、亚热带地区多种作物上引起严重病害，给农业生产造成了重大损失，如全球木薯每年因双生病毒危害造成的经济损失达10亿英镑。2009年，我国番茄作物因双生病毒引起的成灾面积约300万亩，山东、江苏、北京、河南、上海和浙江的部分地块甚至绝收。

在自然条件下，*Begomoviruse*由烟粉虱（*Bemisia tabaci*）传播，因而也被称为粉虱传双生病毒（Whitefly-transmitted geminiviruses，WTG）。*Begomoviruse*目前包含424个种，进一步分为4个系统发育群：旧世界、新世界、"Legumovirus"和"Sweepevirus"。旧世界病毒的基因组为单组分或双组分，新世界病毒的基因组大多数为双组分，个别为单组分，基因组中不包含AV2/V2。"Legumovirus"和"Sweepevirus"的基因组既有单组分也有双组分，分别与豆科和甘薯寄主有关，而与地理位置无关。3类环状ssDNA卫星（Betasatellites、Alphasatellites和Deltasatellites）已被描述与*Begomovirus*有关。

目前至少有9种*Begomoviruse*病毒侵染海南茄科蔬菜，分别为广西番茄曲叶病毒（*Tomato leaf curl Guangxi virus*）、云南番茄黄化曲叶病毒（*Tomato yellow leaf curl Yunnan virus*）、阿萨尔基亚番茄黄化曲叶病毒（*Tomato yellow leaf curl Axarquia virus*）、马里番茄黄化曲叶病毒（*Tomato yellow leaf curl Mali virus*）、马拉加番茄黄化曲叶病毒（*Tomato yellow leaf curl Malaga virus*）、长蒴母草黄脉病毒（*Lindernia anagallis yellow vein virus*）、胜红蓟黄脉病毒（*Ageratum yellow vein virus*）、花莲胜红蓟黄脉病毒（*Ageratum yellow vein Hualian virus*）和菲律宾赛葵曲叶病毒（*Malvastrum leaf curl Philippines virus*）。

分类地位

Monodnaviria＞*Shotokuvirae*＞*Cressdnaviricota*＞*Repensiviricetes*＞*Geplafuvirales*＞*Geminiviridae*＞*Begomovirus*

形态学和基因组

病毒粒子为双联体，无包膜，由两个不完整的二十面体组成，粒子大小约为18nm×30nm。

单分体或二分体基因组，单分体基因组由1条闭合环状ssDNA组成，长约2.7kb，二分体基因组由2条闭合环状ssDNA组成（DNA-A和DNA-B），每条长度为2.5～2.6kb。单分体和二分体基因组的DNA-A含5或6个开放阅读框（Open reading frame，ORF），包括病毒链的AV1/V1和AV2/V2，以及互补链的AC1/C1、AC2/C2、AC3/C3和AC4/C4，分别编码外壳蛋白（Coat protein，CP）、移动蛋白（Movement protein，MP）、复制相关蛋白（Replication-associated protein，Rep）、转录激活蛋白（Transcriptional activator protein，TrAP）、复制增强蛋白（Replication enhancer protein，REn）和决定症状表达的产物。二分体基因组DNA-A和DNA-B的基因间隔区（Intergenic region，IR）上有约200bp的序列几乎完全相同，称为共同区（Common region，CR）。DNA-B含2个ORF，包括病毒链的BV1和互补链的BC1，分别编码核穿梭蛋白（Nuclear shuttle protein，NSP）和MP，BV1和BC1之间由大、小两个非编码的基因间隔区（Long

and short intergenic region，LIR和SIR）隔开。二分体病毒的DNA-A组分可以自主复制并产生病毒粒子，但系统感染时需要DNA-B组分。基因组结构见图2-1。

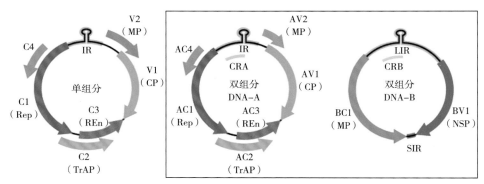

图2-1 菜豆金色花叶病毒属病毒的基因组结构
（引自ICTV，https://talk.ictvonline.org/）

由烟粉虱（*Bemisia tabaci*）隐存种复合群以持久方式传播，个别种也可通过机械接种传播。

整个属的病毒寄主范围广泛，主要侵染双子叶植物。但除个别病毒外，属内每一个病毒的寄主范围都很窄。

花叶、金色花叶、黄色花叶、黄化、褪绿、曲叶、黄脉、耳突、皱叶、扭曲、曲茎、皱褶、矮缩和丛簇等症状。

二、黄瓜花叶病毒（*Cucumber mosaic virus*，CMV）

CMV是发生最广泛的植物病毒之一。1916年，Doolittle和Jagger首次描述了CMV引起的瓜类病害。人们根据血清学和基因组序列把CMV划分为两个亚组（Ⅰ和Ⅱ），亚组Ⅰ主要分布在热带和亚热带地区，侵染植株后造成的症状严重。亚组Ⅱ主要分布在温带地区，侵染植株后造成的症状较轻。

分类地位

Riboviria>Orthornavirae>Kitrinoviricota>Alsuviricetes>Martellivirales>Bromoviridae>Cucumovirus>Cucumber mosaic virus

形态学和基因组

病毒粒子为球状，无包膜，三分体病毒，3个组分的粒子大小一致，直径约29nm。

三分体基因组，由3条ssRNA（+）组成，分别包裹在不同的粒子中。RNA1长度约为3.3kb，含1个ORF，编码1a蛋白；RNA2长度约为3.0kb，含2个ORF，分别编码2a蛋白和2b蛋白（由亚基因组RNA4A表达）；RNA3长度约为2.2kb，含2个ORF，分别编码MP和CP（由亚基因组RNA4表达）。每个基因组片段的5'端都有甲基化帽子结构，3'端都有能结合络氨酸的tRNA结构。除此之外，有些CMV株系还含有长度为330～400nt的卫星RNA，也称RNA5或者satRNA。基因组结构见图2-2。

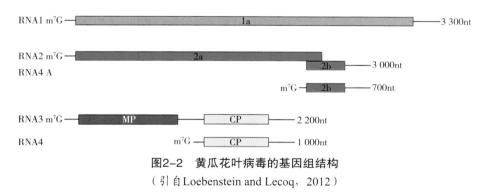

图2-2　黄瓜花叶病毒的基因组结构
（引自Loebenstein and Lecoq，2012）

寄主范围

CMV的寄主范围极为广泛，至少可侵染85个科1 000多种植物，既包括双子叶植物也包括单子叶植物，甚至可以侵染卵菌纲（茸鞭生物界）、子囊菌纲和担子菌纲（真菌界）的生物。CMV为我国的优势病毒，发生广泛且危害严重，几乎可以侵染全部的常见瓜菜作物。

传播方式

主要由蚜虫以非持久方式传播，可传播CMV的蚜虫种类多达80种以上。也可以通过种子、菟丝子及机械接种进行传播。

田间典型症状

叶片呈花叶、疱斑、鞋带状、坏死、皱缩、小叶和簇生等症状。有时植株上部和下部叶片呈花叶，中部叶片不表现症状。植株矮化，扭曲。果实呈黄绿相间的斑驳，畸形，严重时甚至不结果实。

三、烟草花叶病毒（*Tobacco mosaic virus*，TMV）

TMV在世界范围内广泛发生且危害严重。TMV不仅是第一个被发现的病毒，也是第一个获得全基因组序列和单克隆抗体的植物RNA病毒，一直是病毒学领域研究的热点病毒。TMV对植物病毒、动物病毒和人类病毒的研究起到了极大的推动作用。

分类地位

Riboviria＞Orthornavirae＞Kitrinoviricota＞Alsuviricetes＞Martellivirales＞Virgaviridae＞Tobamovirus＞Tobacco mosaic virus

形态学和基因组

病毒粒子呈直杆状，无包膜，长度为300～310nm，直径为18nm，粒子中央有一直径4nm的轴芯。

单分体基因组，由1条ssRNA（＋）组成，基因组长约6.4kb，5'端有甲基化帽子结构，3'端有能结合组氨酸的类似tRNA结构。含4个ORF，ORF1和ORF2分别编码2个与复制有关的126kDa蛋白和183kDa蛋白，ORF3和ORF4分别编码MP和CP，MP和CP由不同的亚基因组RNA表达产生。基因组结构见图2-3。

寄主范围

寄主范围广泛，至少可以侵染36科350多种植物。TMV为我国的优势病毒，几乎可以侵染全部的常见瓜菜作物。

传播方式

主要通过机械接种传播。也可通过种子传播，但TMV一般不感染胚。

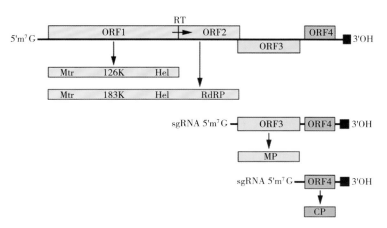

图2-3　烟草花叶病毒的基因组结构

（引自ICTV，https://talk.ictvonline.org/）

田间典型症状

叶片呈花叶，严重时会出现黄化、明脉、疱斑、皱缩、扭曲、褐色坏死斑和矮化等症状，不能正常开花结果。

四、番茄斑驳花叶病毒（*Tomato mottle mosaic virus*，ToMMV）

2013年，ToMMV首次在墨西哥的番茄上发现。同年，在我国西藏和云南的辣椒上也发现该病毒。目前该病毒仅在墨西哥、中国、美国、以色列、意大利、西班牙和伊朗等国有报道。我国云南、山东、湖南、海南、辽宁、河南、河北、陕西、西藏和内蒙古等地都有发生报道。

分类地位

Riboviria>*Orthornavirae*>*Kitrinoviricota*>*Alsuviricetes*>*Martellivirales*>*Virgaviridae*>*Tobamovirus*>*Tomato mottle mosaic virus*

形态学和基因组

病毒粒子的形态学未见报道。

单分体基因组，由1条ssRNA（+）组成，基因组长约6.4kb，5'端有甲基化帽子结构，3'端有能结合组氨酸的类似tRNA结构。含4个ORF，ORF1和ORF2分别编码2个与复制有关的126kDa蛋白和183kDa蛋白，ORF3和ORF4分别编码MP和CP，MP和CP由不同的亚基因组RNA表达产生。基因组结构参见图2-3。

寄主范围

田间主要侵染番茄、辣椒、茄子和金银茄等茄科植物，也可侵染菜豆和墙生藜等植物。

传播方式

可通过机械接种传播，也可通过种子和土壤传播。

田间典型症状

叶片呈褪绿、斑驳、黄化、皱缩、坏死和扭曲等症状，植株矮化。

五、番茄花叶病毒（*Tomato mosaic virus*，ToMV）

ToMV是一种世界性分布的病毒。1909年，Clinton首次描述了ToMV，由于该病毒与TMV的亲缘关系非常近，很长时间以来，人们一直将ToMV看作TMV的一个株系，早期报道的TMV中有一部分应该是ToMV。1991年，我国在浙江的番茄上发现ToMV，目前我国大部分省份都有发生报道。

分类地位

Riboviria＞*Orthornavirae*＞*Kitrinoviricota*＞*Alsuviricetes*＞*Martellivirales*＞*Virgaviridae*＞*Tobamovirus*＞*Tomato mosaic virus*

形态学和基因组

病毒粒子呈直杆状，无包膜，长度约为300nm，直径为15nm，粒子中央有一直径4nm的轴心。

单分体基因组，由1条ssRNA（+）组成，基因组长约6.4kb，5'端有甲基化帽子结构，3'端有能结合组氨酸的类似tRNA结构。含4个ORF，ORF1和ORF2分别编码2个与复制有关的126.3kDa蛋白和175kDa蛋白、ORF3和ORF4分别编码MP和CP。MP和CP由不同的亚基因组RNA表达产生。基因组结构参见图2-3。

寄主范围

自然寄主范围广泛，主要侵染番茄、辣椒、烟草、金银茄、马铃薯、矮牵牛等茄科植物，也可侵染十字花科、菊科、藜科、山茱萸科、龙胆科、木犀科、松科、车前草科和蔷薇科植物。

传播方式

可通过机械接种、营养液和种子传播。ToMV是一种非常稳定的病毒，在土壤和其他基质中可存活数年，在胚乳中可存活长达9年。

田间典型症状

ToMV引起的症状多种多样，如叶片上交替出现明显的绿色、黄色或白色斑驳，耳突，明脉，扭曲和蕨叶。果实表面凹凸不平，坏死斑点，内部可能出现褐变。植株矮化。

六、南方番茄病毒（*Southern tomato virus*，STV）

1984年，美国加利福尼亚的番茄出现黄化、衰退和坐果少等症状，但未分离到病原，2005年，在墨西哥西南部和美国密西西比东北部的番茄上也发现类似症状，并且分离到约3.5kb的dsRNA，推测为同一种病毒侵染，并将其命名为南方番茄病毒。目前STV在亚洲、欧洲、北美洲和南美洲的多个国家有报道。2011年，我国首次在新疆加工番茄上发现STV感染的植株，目前山东、北京和海南等地的番茄上都有发生报道。

分类地位

Riboviria>Orthornavirae>Pisuviricota>Duplopiviricetes>Durnavirales>Amalgaviridae>Amalgavirus>Southern tomato virus

病毒粒子的形态未见报道。

单分体基因组，由1条线性dsRNA组成，长约3.5kb，编码2个重叠的ORF，ORF1长1 134nt，编码377个氨基酸，推测为CP，分子量为42.4kDa，ORF2长2 289nt，编码762个氨基酸的RNA依赖的RNA聚合酶（RNA-dependent RNA polymerase，RdRp），分子量为87.4kDa。基因组结构见图2-4。

图2-4　南方番茄病毒的基因组结构
（引自Sabanadzovic，2009）

寄主范围

目前仅在番茄、辣椒、龙葵和酸浆果等茄科植物上检测到STV。

传播方式

主要通过种子传播，不能通过机械接种和嫁接传播。尚未发现昆虫介体。

田间典型症状

STV单独侵染对番茄的致病症状尚不明确，但STV与褪绿、顶端叶片黄化逐渐白化直至枯死、植株长势衰退、果实变小等症状发生相关。

七、番茄褪绿病毒（*Tomato chlorosis virus*，ToCV）

ToCV是一种世界性分布的病毒。至少从1989年开始，ToCV引起的"Yellow leaf disorder"病就在美国佛罗里达州出现。2004年，我国首次在台湾番茄上发现ToCV，目前山东、河北、江苏、湖南、云南、海南、内蒙古和天津等地都有发生报道。ToCV在生产上的危害极大，曾导致多个省份的番茄大面积减产。

Riboviria>Orthornavirae>Kitrinoviricota>Alsuviricetes>Martellivirales>Closteroviridae>Crinivirus>Tomato chlorosis virus

形态学和基因组

病毒粒子为弯曲线形，无包膜，长度为800～850nm，直径约12nm，粒子表面有明显的横带。

基因组由2条ssRNA(+)组成，分别包裹在不同的病毒粒子中。RNA1长约8.6kb，含3个ORF，ORF1a编码由蛋白酶（Protease，Pro）、甲基转移酶（Methyltransferase，MT）、解旋酶（Helicase，Hel）构成的多聚蛋白，ORF1b编码RdRp，ORF2和ORF3分别编码未知功能的p22和p6。RNA2长约8.2 kb，含8个ORF，分别编码p4、热休克蛋白70（Heat shock protein 70，HSP70）、p8、p59、p9、CP、次要衣壳蛋白（Minor coat protein，CPm）、p27和p7，这些蛋白主要与病毒粒子组装、运动及介体传播有关。基因组结构详见图2-5。

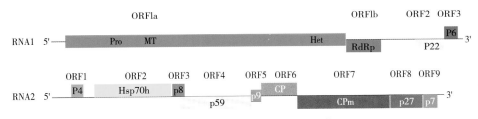

图2-5　番茄褪绿病毒的基因组结构

（引自Lozano *et al.*，2006，2007）

寄主范围

田间至少可以侵染茄科、豆科、葫芦科和十字花科等10余科植物。番茄、辣椒、茄子、菜豆、豇豆、黄瓜和苦瓜等常见蔬菜作物上均有报道。

传播方式

田间只能通过烟粉虱（*Bemisia tabaci*）、温室白粉虱（*Trialeurodes vaporariorum*）、纹翅粉虱（*Trialeurodes abutilonea*）和银叶烟粉虱（*Bemisia argentifolii*）以半持久方式传播，不能通过种子和机械接种传播。

田间典型症状

植株中下部叶片首先出现脉间褪绿黄化，逐渐向上部叶片发展。脉间褪绿黄化区域会出现红色或棕色坏死斑，叶片变厚，变脆，叶缘上卷。

八、甜椒脉斑驳病毒（*Pepper veinal mottle virus*，PVMV）

PVMV是西非最具破坏性的辣椒病毒之一，曾导致克特迪瓦部分辣椒产区绝收。1971年，Brunt和Kenten首次在加纳发现PVMV，目前该病毒主要分布在亚洲（中国、日本和印度）和非洲（加纳、马里、科特迪瓦、也门、尼日利亚、卢旺达、塞内加尔和埃塞俄比亚等国）。2009年，我国在台湾的番茄和辣椒上发现PVMV，目前海南、湖南和重庆等地有发生报道。

分类地位

Riboviria>Orthornavirae>Pisuviricota>Stelpaviricetes>Patatavirales>Potyviridae>Potyvirus>Pepper veinal mottle virus

形态学和基因组

病毒粒子为弯曲线状，无包膜，长度约为770nm，直径约为12nm。

单分体基因组，由1条ssRNA（+）组成，全长约9.8kb，5'端结合有病毒基因组连接蛋白（Viral protein genome-linked，VPg），3'端有Poly（A）。含1个ORF，编码一个长的多聚蛋白，随后切割产生10个功能性蛋白质，分别为P1蛋白酶（Protein 1 protease，P1-Pro）、辅助成分蛋白酶（Helper component protease，HC-Pro）、第3蛋白（Protein 3，P3）、第一个6K蛋白（6-kDa protein 1，6K1）、柱状内含体蛋白（Cytoplasmic inclusion protein，CI）、第二个6K蛋白（6-kDa protein 2，6K2）、VPg蛋白、核内含体a蛋白酶（Nuclear inclusion 'a' protease，NIa-Pro）、核内含体b蛋白（Nuclear inclusion body 'b' protein，NIb）和CP。基因组结构见图2-6。

寄主范围

田间主要侵染辣椒、番茄、埃塞俄比亚茄子和本氏烟等茄科植物，也有感染葫芦科植物凹槽南瓜的报道。

传播方式

通过蚜虫以非持久性方式传播，也可通过机械接种传播。

田间典型症状

叶片变小、脉间褪绿、严重畸形。

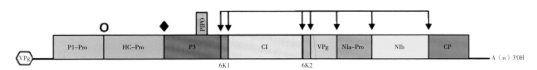

图2-6　甜椒脉斑驳病毒的基因组结构

（引自ICTV，https://talk.ictvonline.org/）

九、辣椒脉斑驳病毒（*Chilli veinal mottle virus*，ChiVMV）

ChiVMV目前仅在亚洲和欧洲有报道。1979年，由Ong等首次在马来西亚的辣椒上发现并报道。2006年，我国在海南的黄灯笼椒上发现ChiVMV，目前陕西、云南、福建、湖南等地均有发生报道。

分类地位

Riboviria>Orthornavirae>Pisuviricota>Stelpaviricetes>Patatavirales>Potyviridae>Potyvirus>Chilli veinal mottle virus

形态学和基因组

病毒粒子为弯曲线状，无包膜，长度为700～800nm，直径为12～16nm。

单分体基因组，由1条ssRNA（＋）组成，全长约9.7kb，5'端结合有VPg，3'端有Poly（A）。含1个ORF，编码一个长的多聚蛋白，随后切割产生10个功能性蛋白质，分别为P1-Pro、HC-Pro、P3、6K1、CI、6K2、NIa-VPg、NIa-Pro、NIb和CP。基因组结构参见图2-6。

寄主范围

田间主要侵染辣椒、番茄、烟草、龙葵、埃塞俄比亚茄子和短毛酸浆等茄科植物，也有侵染菊科和玄参科植物的报道。

传播方式

主要通过多种蚜虫以非持久方式传播，也可以通过机械接种方式传播，但不能通过种子传播。

田间典型症状

叶片呈绿色脉带、皱缩、小叶以及畸形。

十、辣椒环斑病毒（*Chilli ringspot virus*，ChiRSV）

2007年，ChiRSV由Ha等人首次在越南的辣椒上发现，目前仅在亚洲的中国、越南、巴基斯坦和老挝等国有报道。2012年，我国在海南的黄灯笼辣椒上发现ChiRSV，目前广东、湖南、四川和云南等地都有发生报道。

分类地位

Riboviria>*Orthornavirae*>*Pisuviricota*>*Stelpaviricetes*>*Patatavirales*>*Potyviridae*>*Potyvirus*>*Chilli ringspot virus*

形态学和基因组

病毒粒子为略呈弯曲的线状，无包膜，长度为750～780nm，直径为12～13nm。

单分体基因组，由1条ssRNA（＋）组成，全长约9.6kb，5'端结合有VPg，3'端有Poly（A）。含1个ORF，编码一个长的多聚蛋白，随后切割产生10个功能性蛋白质，分别为P1-Pro、HC-Pro、P3、6K1、CI、6K2、NIa-VPg、NIa-Pro、NIb和CP。基因组结构参见图2-6。

寄主范围

田间主要侵染辣椒，也有侵染南瓜和黄果茄的报道。

主要依靠多种蚜虫以非持久方式传播，也可以通过机械接种方式传播。

传播方式

田间典型症状

环斑、脉间褪绿、沿主脉和侧脉出现"绿带"。

十一、辣椒轻斑驳病毒（*Pepper mild mottle virus*，PMMoV）

1964年，PMMoV由Greenleaf等在美国辣椒上发现，现已广泛分布于世界各国，高致病性和强抗逆性是其在世界范围内广泛分布的重要原因。PMMoV曾对英国和美国的辣椒种植造成毁灭性损失，减产幅度达30%～70%，重者甚至绝收。1994年，我国在新疆辣椒上发现PMMoV，目前陕西、北京、青海和辽宁等地都有发生报道。

分类地位

Riboviria>Orthornavirae>Kitrinoviricota>Alsuviricetes>Martellivirales>Virgaviridae> Tobamovirus>Pepper mild mottle virus

形态学和基因组

病毒粒子呈直杆状，无包膜，长度为285～305nm，直径为17nm，粒子中央有直径4nm的轴芯。

单分体基因组，由1条ssRNA（＋）组成，基因组长约6.4kb，5'端有甲基化帽子结构，3'端有能结合组氨酸的类似tRNA结构。含4个ORF，ORF1和ORF2分别编码2个与复制有关的126kDa蛋白和183kDa蛋白，ORF3和ORF4分别编码MP和CP。MP和CP由不同的亚基因组RNA表达产生。基因组结构参见图2-3。

寄主范围

田间不仅可以侵染辣椒、番茄和烟草等茄科植物，还可侵染百合科、苋科、十字花科、唇形科和藜科植物。

传播方式

田间主要是通过种子和机械接种进行传播。种子带毒是远距离传播的主要途径。病毒粒子十分稳定，可在干燥的植物病残体上存活25年之久。

田间典型症状

叶片感染早期症状为轻微斑驳，后期严重时会出现皱缩、花叶。植株常出现矮化。果实凹凸不平，凹陷区颜色浅。

十二、辣椒脉黄化病毒（*Pepper vein yellows virus*，PeVYV）

PeVYV是一种世界性分布的病毒。1995年，由Yonaha等在日本甜椒上发现。2013年，我国在台湾辣椒上发现该病毒，目前湖南、山东、贵州、广东、海南等地均有报道发生。

分类地位

Riboviria>Orthornavirae>Kitrinoviricota>Tolucaviricetes>Tolivirales>Luteoviridae>Polerovirus>Pepper vein yellows virus 1

形态学和基因组

病毒粒子为球状，无包膜，直径约25nm。

单分体基因组，由1条ssRNA（＋）组成，基因组大小约为6.2kb，RNA的5'端具有VPg，3'端既无Poly（A）结构，也无类似tRNA结构。含有6个ORF，分别编码P0、P1、RdRp、CP、MP和通读域（Read-through domain，RTD）。基因组结构见图2-7。

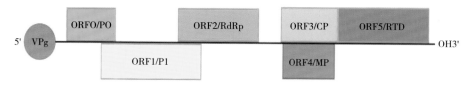

图2-7 辣椒脉黄化病毒的基因组结构

（引自ViralZone，https://viralzone.expasy.org/，略有改动）

寄主范围

田间寄主范围窄，目前仅在茄科的辣椒、番茄、龙葵，葫芦科的南瓜，豆科的鹰嘴豆和菊科的天名精上发现。

传播方式

由蚜虫（以桃蚜和棉蚜为主）以持久方式传播，也可以嫁接传播。不能通过种子和机械接种传播。

田间典型症状

叶脉黄化，叶片轻微卷曲。植株矮小。果实小且畸形。

十三、甜椒内源RNA病毒（*Bell pepper alphaendornavirus,* BPEV）

1981年，Grill和Garger首次在蚕豆中发现内源RNA病毒。随后人们不仅在水稻、大麦、菜豆、豇豆、辣椒、芹菜等多种单、双子叶植物中，而且在真菌和卵菌中也发现内源RNA病毒。1990，Valverde等在辣椒中首次发现内源RNA病毒，2011年，Okada等首次报道了BPEV的全基因组序列。目前BPEV在中国、美国、加拿大、哥伦比亚、印度、多米尼加等国均有报道发生。

分类地位

Riboviria＞Orthornavirae＞Kitrinoviricota＞Alsuviricetes＞Martellivirales＞Endornaviridae＞Alphaendornavirus＞Bell pepper alphaendornavirus

形态学和基因组

不形成病毒粒子。

由1条ssRNA（＋）组成，基因组长约14.7kb，正链ORF内靠近5'末端附近（约880核苷酸位置）有一个缺口，可能对病毒的复制起调控作用。含1个ORF，编码1个大的多聚蛋白，含4个保守的功能结构域，从N端到C端依次为甲基转移酶区域（Methyltransferase，MTR）、解旋酶1结构域（Helicase 1，Hel-1）、UDP-糖基转

移酶结构域（UDP-glycosyltransferase，UGT）和RdRp。

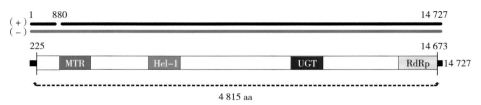

图2-8　甜椒内源RNA病毒的基因组结构

（引自Okada，2011）

寄主范围

目前仅在辣椒、番茄、马铃薯、奎东茄和芹菜上发现。

传播方式

可通过种子传播。

田间典型症状

尚不明确。

番茄病毒病　　①～② 轻花叶

番茄病毒病　　③~⑨ 重花叶

番茄病毒病 ⑩ ~ ⑯ 重花叶

番茄病毒病　⑰~⑱叶片变紫和坏死

番茄病毒病　⑲～⑳ 叶脉褪绿和坏死

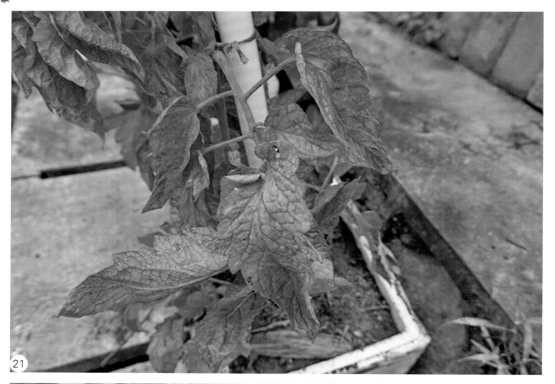

番茄病毒病 ㉑～㉒ 黄斑花叶、叶脉坏死、背部叶脉变紫

番茄病毒病　㉓～㉔蕨叶

番茄病毒病　　㉕～㉖卷叶

番茄病毒病　㉗～㉚ 黄化

番茄病毒病　㉛～㉞条斑

番茄病毒病　　㉟～㊵ 小叶

番茄病毒病　　㊶~㊷ 皱缩

番茄病毒病 ㊸~㊺ 曲叶

番茄病毒病　㊻～㊽ 病毒病发生严重的田块

辣椒病毒病 ①～④ 轻花叶

辣椒病毒病　　⑤～⑫ 重花叶

辣椒病毒病　⑬ ～ ⑯ 黄化

辣椒病毒病 ⑰～⑳ 黄化

辣椒病毒病　　㉑~㉒ 丛簇

㉓

㉔

辣椒病毒病　　㉓ ～ ㉔ 畸形

辣椒病毒病　　㉕～㉖ 皱缩

辣椒病毒病　　㉗～㉚ 植株矮化

辣椒病毒病 ㉛~㊱ 果实瘦小、僵化，果面凹凸不平，出现黄绿或浓淡绿相间斑驳

茄子病毒病 ① 明脉、花叶、疱斑和扭曲；② 矮化；③~④ 黄斑、花叶和皱缩

第三章

葫芦科瓜菜病毒病害

目前侵染葫芦科植物的病毒至少涉及26个科、36个属，202个种。我国已报道的侵染葫芦科瓜菜的病毒至少涉及14个科，14个属，51个种（含2个未确定科，3个未确定属）（表3-1）。

海南葫芦科瓜菜上的病毒主要为甜瓜黄斑病毒（*Melon yellow spot virus*，MYSV）、黄瓜绿斑驳花叶病毒（*Cucumber green mottle mosaic virus*，CGMMV）、黄瓜花叶病毒（*Cucumber mosaic virus*，CMV）、烟草花叶病毒（*Tobacco mosaic virus*，TMV）、瓜类褪绿黄化病毒（*Cucurbit chlorotic yellows virus*，CCYV）、西瓜花叶病毒（*Watermelon mosaic virus*，WMV）、番木瓜环斑病毒（*Papaya ringspot virus*，PRSV）、小西葫芦黄花叶病毒（*Zucchini yellow mosaic virus*，ZYMV）、中国南瓜曲叶病毒（*Squash leaf curl China virus*，SLCCNV）、甜瓜蚜传黄化病毒（*Melon aphid-borne yellows virus*，MABYV）、西瓜银斑驳病毒（*Watermelon silver mottle virus*，WSMoV）。葫芦科瓜菜受病毒侵染后主要表现3种典型症状。

（1）花叶型：浓淡相间或黄白相间的花叶、黄斑花叶、皱缩花叶、疱斑花叶、印花、"鸡爪叶"、明脉。脉间褪绿，形成清晰的绿色网状脉纹，常伴随叶脉扭曲、曲叶等症状。果实一般表现黄绿或浓淡相间斑驳、瘤状突起等症状。

（2）黄化型：叶片均为黄化。或发病初期为斑块状黄化，后期整片叶子黄化。

（3）皱缩型：叶片皱缩，边缘缢缩。植株若在早期发病，经常伴随植株矮化。

表3-1　侵染我国葫芦科蔬菜的病毒种类

序号	中文名称	学名	科属名称
1	马铃薯X病毒	*Potato virus X*	*Alphaflexiviridae*，*Potexvirus*
2	甜瓜混合病毒1号	*Cucumis melo amalgavirus 1*	*Amalgaviridae*，未确定属
3	马铃薯S病毒	*Potato virus S*	*Betaflexiviridae*，*Carlavirus*
4	西瓜病毒A	*Watermelon virus A*	*Betaflexiviridae*，*Wamavirus*
5	黄瓜花叶病毒	*Cucumber mosaic virus*	*Bromoviridae*，*Cucumovirus*
6	瓜类褪绿黄化病毒	*Cucurbit chlorotic yellows virus*	
7	瓜类黄矮失调病毒	*Cucurbit yellow stunting disorder virus*	*Closteroviridae*，*Crinivirus*
8	番茄褪绿病毒	*Tomato chlorosis virus*	
9	葫芦内源RNA病毒	*Lagenaria siceraria alphaendornavirus*	*Endornaviridae*，*Alphaendornavirus*
10	中国南瓜曲叶病毒	*Squash leaf curl China virus*	*Geminiviridae*，*Begomovirus*

（续表）

序号	中文名称	学名	科属名称
11	云南南瓜曲叶病毒	*Squash leaf curl Yunnan virus*	
12	烟草曲茎病毒	*Tobacco curly shoot virus*	*Geminiviridae*，*Begomovirus*
13	番茄曲叶病毒	*Tomato yellow leaf curl virus*	
14	甜菜西方黄化病毒	*Beet western yellows virus*	
15	丝瓜蚜虫传黄化病毒	*Cucumber aphid-borne yellows virus*	
16	瓜类蚜虫传黄化病毒	*Cucurbit aphid-borne yellows virus*	
17	丝瓜蚜传黄化病毒	*Luffa aphid-borne yellows virus*	
18	甜瓜蚜虫传黄化病毒	*Melon aphid-borne yellows virus*	*Luteoviridae*，*Polerovirus*
19	辣椒叶脉黄化病毒	*Pepper vein yellows virus*	
20	丝瓜蚜虫传黄化病毒	*Suakwa aphid-borne yellows virus*	
21	小西葫芦蚜传黄化病毒	*Zucchini aphid-borne yellows virus*	
22	西瓜隐潜病毒	*Citrullus lanatus cryptic virus*	*Partitiviridae*，未确定属
23	甜瓜潜隐病毒	*Cucumis melo cryptic virus*	*Partitiviridae*，未确定属
24	辣椒环斑病毒	*Chilli ringspot virus*	
25	辣椒脉斑驳病毒	*Chilli veinal mottle virus*	
26	番木瓜畸形花叶病毒	*Papaya leaf distortion mosaic virus*	
27	番木瓜环斑病毒	*Papaya ringspot virus*	
28	花生条纹病毒	*Peanut stripe virus*	
29	马铃薯Y病毒	*Potato virus Y*	*Potyviridae*，*Potyvirus*
30	甘蔗花叶病毒	*Sugarcane mosaic virus*	
31	芜菁花叶病毒	*Turnip mosaic virus*	
32	西瓜花叶病毒	*Watermelon mosaic virus*	
33	小西葫芦虎纹花叶病毒	*Zucchini tigre mosaic virus*	
34	小西葫芦黄花叶病毒	*Zucchini yellow mosaic virus*	
35	南瓜花叶病毒	*Squash mosaic virus*	*Secoviridae*，*Comovirus*
36	蚕豆萎蔫病毒2号	*Broad bean wilt virus 2*	*Secoviridae*，*Fabavirus*
37	瓜类轻花叶病毒	*Cucurbit mild mosaic virus*	

序号	中文名称	学名	科属名称
38	甜瓜坏死斑点病毒	*Melon necrotic spot virus*	*Tombusviridae*，*Gammacarmovirus*
39	辣椒褪绿病毒	*Capsicum chlorosis orthotospovirus*	
40	甜瓜黄斑病毒	*Melon yellow spot orthotospovirus*	
41	番茄斑萎病毒	*Tomato spotted wilt orthotospovirus*	*Tospoviridae*，*Orthotospovirus*
42	西瓜银色斑驳病毒	*Watermelon silver mottle tospovirus*	
43	黄瓜绿斑驳花叶病毒	*Cucumber green mottle mosaic virus*	
44	辣椒轻斑驳病毒	*Pepper mild mottle virus*	
45	烟草轻绿花叶病毒	*Tobacco mild green mosaic virus*	
46	烟草花叶病毒	*Tobacco mosaic virus*	*Virgaviridae*，*Tobamovirus*
47	番茄花叶病毒	*Tomato mosaic virus*	
48	西瓜绿斑驳花叶病毒	*Watermelon green mottle mosaic virus*	
49	小西葫芦绿斑驳花叶病毒	*Zucchini green mottle mosaic virus*	
50	西瓜皱叶相关病毒1号	*Watermelon crinkle leaf-associated virus 1*	未确定科属
51	西瓜皱叶相关病毒2号	*Watermelon crinkle leaf-associated virus 2*	未确定科属

一、甜瓜黄斑病毒（*Melon yellow spot virus*，MYSV）

MYSV目前主要分布在亚洲和南美洲。MYSV最早在1992年发现于日本的甜瓜上。1999年，Kato等详细报道了MYSV的粒子形态、传播方式和寄主范围等。2006年，我国首次在台湾西瓜上发现MYSV，目前海南、广东、广西和山东等地均有报道发生。

分类地位

Riboviria＞Orthornavirae＞Negarnaviricota＞Polyploviricotina＞Ellioviricetes＞Bunyavirales＞Tospoviridae＞Orthotospovirus＞Melon yellow spot orthotospovirus

形态学和基因组

病毒粒子呈准球状，有包膜，直径为114～176nm。

三分体基因组，单个病毒粒子包裹大、中、小3个线形ssRNA，L RNA为负义，长度约8.9kb，编码RdRp；M RNA为双义，长度为4.8～4.9kb，病毒链编码一种参与病毒移动的非结构蛋白，互补链编码G1/G2糖蛋白前体蛋白Gp；S RNA为双义，长度为3.2～3.4kb，病毒链编码非结构蛋白NSs，互补链编码核衣壳蛋白N。基因组结构见图3-1。

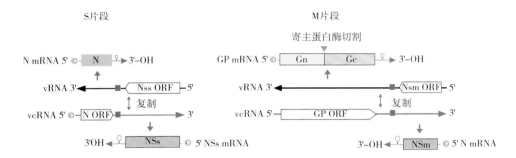

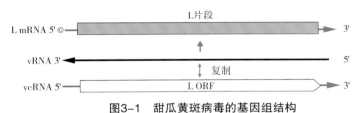

图3-1　甜瓜黄斑病毒的基因组结构
（引自ViralZone，https://viralzone.expasy.org/）

寄主范围

田间主要为害黄瓜、西瓜、甜瓜、冬瓜、南瓜、丝瓜、苦瓜和瓠子等葫芦科植物，也有为害蚕豆和酸浆的报道。

传播方式

主要通过棕榈蓟马（*Thrips palmi*）以持久方式传播，也可通过机械接种传播。

田间典型症状

新生叶片易出现明脉、褪绿斑点。随着叶片的生长，叶片逐渐黄化、产生坏死

斑点，邻近的黄斑逐渐融合形成大的坏死斑点，最终导致叶片下卷和坏死。若病毒在植株生长早期侵染，果实易出现颜色不均的斑驳。

二、黄瓜绿斑驳花叶病毒（*Cucumber green mottle mosaic virus*，CGMMV）

CGMMV是一种世界性分布的病毒。1935年，英国Ainsworth首次描述了CGMMV。2005年，我国在辽宁省盖州市发现CGMMV，目前河北、江苏、山东、甘肃和海南等地均有报道发生。CGMMV的危害性极强，曾造成前苏联格鲁吉亚地区西瓜减产30%。2005年，CGMMV在辽宁省盖州市的西瓜上大肆暴发，造成当地西瓜大面积绝收。

分类地位

Riboviria＞*Orthornavirae*＞*Kitrinoviricota*＞*Alsuviricetes*＞*Martellivirales*＞*Virgaviridae*＞*Tobamovirus*＞*Cucumber green mottle mosaic virus*

形态学和基因组

病毒粒子呈直杆状，无包膜，长度约为300nm，直径约为18nm。除正常大小的病毒粒子外，还存在长度约为50nm的直杆状粒子。

单分体基因组，由1条ssRNA（＋）组成，基因组长6.4～6.5kb，5'端有甲基化帽子结构，3'端有能结合组氨酸的类似tRNA结构。含4个ORF，ORF1和ORF2分别编码2个与复制有关的126kDa蛋白和183kDa蛋白，ORF3和ORF4分别编码MP和CP。MP和CP由不同的亚基因组RNA表达产生。基因组结构参见图2-3。

寄主范围

田间主要侵染西瓜、甜瓜、黄瓜、南瓜、西葫芦、短毛独活、葫芦、丝瓜、罗汉果和蛇瓜等葫芦科植物。也有侵染茄科、苋科和藜科植物的报道。

传播方式

CGMMV是一种典型的种传病毒，带毒种子是该病毒远距离传播的主要途径。也可通过机械接种传播。

　　CGMMV引起的症状主要表现在枝蔓顶端的新生部分，在感染不同的瓜类时会表现不同的症状。侵染黄瓜时，幼叶和果实表面会出现绿斑驳，沿叶脉呈绿带状；侵染西瓜时，叶片产生斑驳花叶，茎和花梗会出现褐色坏死，果实畸形、果肉呈海绵状、腐烂和发黄或变色；侵染甜瓜时，幼叶会出现黄色斑点、皱缩，有时症状会随着叶片的长大而消失。果实斑驳、畸形；侵染南瓜和西葫芦时，受感染的叶片无症状或出现叶斑和花叶，果实有时无症状，有时外表无症状，但内部变色坏死。

三、黄瓜花叶病毒（*Cucumber mosaic virus*，CMV）

　　CMV的详细描述见第二章。

四、烟草花叶病毒（*Tobacco mosaic virus*，TMV）

　　TMV的详细描述见第二章。

五、瓜类褪绿黄化病毒（*Cucurbit chlorotic yellows virus*，CCYV）

　　CCYV引起的病害最早于2004年在日本甜瓜种植地发现，2010年，Okuda等报道了该病害的病原。目前该病毒在亚洲、欧洲、非洲、北美洲均有报道。2007年，我国在上海首次发现CCYV引起的病害，目前河北、山东、河南、江苏、浙江、广西和海南等地均有报道发生。

分类地位

Riboviria>Orthornavirae>Kitrinoviricota>Alsuviricetes>Martellivirales>Closteroviridae>Crinivirus

形态学和基因组

病毒粒子为非常弯曲的长线形，无包膜，长度为1 250～2 000nm，直径约为12nm，粒子表面有明显的横带。

基因组由2条ssRNA（+）组成，RNA1长约8.6kb，含3个ORF，ORF1a-ORF1b编码复制相关蛋白，具有Met、Hel、跨膜结构域（Transmembrane domain，TM）、RdRp的保守结构域，ORF2和ORF3分别编码p6和p22。RNA2长约8.0kb，含8个ORF，分别编码p22、p4.9、HSP70、p6、p59、p9、CP、CPm和p26，这些蛋白主要与病毒粒子组装、运动及介体传播有关。p22、p4.9、p6、p59、p9和p26分别指分子量约为22kDa、4.9kDa、6kDa、59kDa、9kDa和26kDa的蛋白。基因组结构见图3-2。

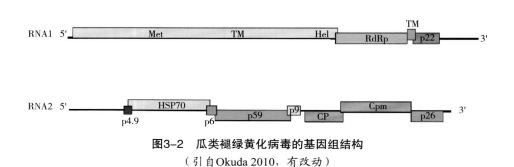

图3-2　瓜类褪绿黄化病毒的基因组结构
（引自Okuda 2010，有改动）

传播方式

由B型和Q型烟粉虱（*Bemisia tabaci* Biotype B and Q）以半持久方式进行传播。

寄主范围

田间主要侵染甜瓜、黄瓜、南瓜、棱角丝瓜、西葫芦、笋瓜、西瓜和牛角瓜等葫芦科植物。也有少量侵染菊科、豆科、十字花科和藜科植物的报道。

田间典型症状

叶片的叶肉部分褪绿甚至黄化，叶脉仍为绿色。通常植株中下部叶片先表现上述症状，逐渐向上发展，新叶常无症状或症状不明显。

六、西瓜花叶病毒（*Watermelon mosaic virus*，WMV）

WMV主要分布在温带和地中海气候区。20世纪30年代，人们在美国西瓜上发现花叶病。1965年，Webb和Scot在西瓜上分离到两种为害西瓜的病毒，分别命名为西瓜花叶病毒1号（*Watermelon mosaic virus 1*，WMV-1）和西瓜花叶病毒2号（*Watermelon mosaic virus 2*，WMV-2）。随后的研究发现WMV-1是番木瓜环斑病毒（*Papaya ringspot virus*，PRSV）的一个株系。国际病毒分类委员会于2000年将WMV1改名为番木瓜环斑病毒西瓜株系（*Papaya ringspot virus* type-W，PRSV-W），WMV2改名为西瓜花叶病毒（*Watermelon mosaic virus*，WMV）。WMV在我国葫芦科作物上广泛发生。

分类地位

Riboviria>*Orthornavirae*>*Pisuviricota*>*Stelpaviricetes*>*Patatavirales*>*Potyviridae*>*Potyvirus*>*Watermelon mosaic virus*

形态学和基因组

病毒粒子为弯曲线状，无包膜，长度为680～900nm，直径为11～13nm。

单分体基因组，由1条ssRNA（+）组成，全长约10kb，5'端结合有VPg，3'端有Poly（A）。含1个ORF，编码一个长的多聚蛋白，随后切割产生10个功能性蛋白质，分别为P1-Pro、HC-Pro、P3、6K1、CI、6K2、NIa-VPg、NIa-Pro、NIb和CP。基因组结构参见图2-6。

传播方式

主要通过蚜虫以非持久性方式进行传播，其中最主要的是桃蚜和瓜蚜，也可通过机械接种传播。

寄主范围

田间自然寄主广泛，至少可以侵染23个科的160种双子叶植物。西瓜、药西瓜、甜瓜、南瓜、笋瓜、黄瓜、西葫芦、葫芦、瓠子、丝瓜、哈密瓜、刺果瓜、冬瓜和罗汉果等葫芦科植物上均有报道。

田间典型症状

叶片表现花叶、脉带、疱斑和扭曲等症状。严重时病叶变为线状，部分瓜类品种果实变色，瓜蔓失去结果能力。

七、番木瓜环斑病毒（*Papaya ringspot virus*，PRSV）

PRSV于20世纪40年代在美国夏威夷的番木瓜上首次发现。根据寄主范围，PRSV被分为番木瓜环斑病毒番木瓜株系（*Papaya ringspot virus* type-P，PRSV-P）和番木瓜环斑病毒西瓜株系（PRSV-W）。PRSV-P主要侵染番木瓜，也可侵染葫芦科作物，在大多数种植番木瓜的国家都有发生。PRSV-W是一种世界性分布的病毒，但在热带、亚热带和地中海地区比温带地区更为普遍，主要侵染葫芦科作物，我国目前仅在四川、山东和海南等地有报道。

分类地位

Riboviria>*Orthornavirae*>*Pisuviricota*>*Stelpaviricetes*>*Patatavirales*>*Potyviridae*>*Potyvirus*>*Papaya ringspot virus*

形态学和基因组

病毒粒子为弯曲线状，无包膜，长度为760～800nm，直径约为12nm。

单分体基因组，由1条ssRNA（＋）组成，长度约为10.3kb，RNA的5'端结合有VPg，3'端含Poly（A）。编码一个长的多聚蛋白，随后切割产生10个功能性蛋白质P1-Pro、HC-Pro、P3、6K1、CI、6K2、NIa-VPg、NIa-Pro、NIb和CP。基因组结构参见图2-6。

寄主范围

田间主要侵染西瓜、黄瓜、甜瓜、南瓜、西葫芦、冬瓜、药西瓜、红瓜、西印度黄瓜、刺瓜、刺角瓜、笋瓜、葫芦、丝瓜、垂瓜果、佛手瓜、罗汉果、苦瓜、蛇瓜、解毒藤和王瓜等葫芦科植物。也有侵染茄科、豆科、菊科和锦葵科植物的报道。

　　田间由多种蚜虫以非持久方式传播，其中棉蚜（*Aphis gossypii*）、桃蚜（*Myzus persicae*）和花生蚜（*Aphis craccivora*）的传毒效率最高。

田间典型症状

　　PRSV-W可引起叶片产生花叶、褪绿、"鞋带"叶，果实畸形和凹凸不平。部分PRSV-W分离物可使植物产生系统性坏死斑点和顶端坏死。PRSV-P在葫芦科植物上一般引起轻微症状。

八、小西葫芦黄花叶病毒（*Zucchini yellow mosaic virus, ZYMV*）

　　ZYMV是一种世界性分布的病毒。1973年，人们在意大利北部地区的西葫芦上发现一种新的病害。1981年，Lisa等确定该病害由小西葫芦黄花叶病毒引起。1986年，我国在新疆西瓜、哈密瓜和西葫芦上发现ZYMV，目前华北、华中、华南、华东和西北等地均有发生报道。

分类地位

　　Riboviria＞Orthornavirae＞Pisuviricota＞Stelpaviricetes＞Patatavirales＞Potyviridae＞Potyvirus＞Zucchini yellow mosaic virus

形态学和基因组

　　病毒粒子为弯曲线状，无包膜，长度约为750nm，直径约为13nm。

　　单分体基因组，由1条ssRNA（＋）组成，基因组全长约9.6kb，5'端结合有VPg，3'端有Poly（A）。含1个ORF，编码一个长的多聚蛋白，随后切割产生10个功能性蛋白质P1-Pro、HC-Pro、P3、6K1、CI、6K2、NIa-VPg、NIa-Pro、NIb和CP。基因组结构参见图2-6。

寄主范围

　　寄主范围广泛，主要侵染黄瓜、南瓜、西瓜、冬瓜、西葫芦、西印度黄瓜、刺

瓜、甜瓜、红瓜、帽儿瓜、油瓜、笋瓜、苦瓜、佛手瓜、空心瓜、药西瓜、葫芦、丝瓜、蜂蜜大吊瓜和蛇瓜等葫芦科植物，也可侵染豆科、茄科和伞形科等其他科植物。

传播方式

主要通过多种蚜虫以非持久性方式传播，也可通过机械接种传播。南瓜、西葫芦和笋瓜的种子也可传播ZYMV。

田间典型症状

叶片表现花叶、褪绿黄化、明脉、疱斑等症状，果实畸形、颜色不均匀、开裂、有凸起，植株萎蔫、矮化。

九、中国南瓜曲叶病毒（*Squash leaf curl China virus*, SLCCNV）

SLCCNV主要分布在亚洲和非洲的热带和亚热带地区。1993年由洪益国等在我国广西南瓜上首次发现，目前云南和海南等地也有发生报道。

分类地位

Monodnaviria>Shotokuvirae>Cressdnaviricota>Repensiviricetes>Geplafuvirales> Geminiviridae>Begomovirus>Squash leaf curl China virus

形态学和基因组

病毒粒子为双联体结构，无包膜，由两个不完整的二十面体组成。

二分体基因组，由2条闭合环状ssDNA组成，DNA-A约为2.7kb，编码5个ORF，包括病毒链编码的AV1和AV2以及互补链编码的AC1、AC2、AC3和AC5，DNA-B约为2.7kb，编码2个ORF，包括病毒链编码的BV1和互补链编码的BC1。基因组结构参见图2-1。

寄主范围

田间主要侵染南瓜、甜瓜、西瓜、冬瓜、笋瓜、西葫芦、瓠瓜、苦瓜、佛手瓜、蛇瓜、异株栝楼等葫芦科植物，也有少量侵染茄科、豆科和木犀科等其他科植物的报道。

传播方式

由烟粉虱（*Bemisia tabaci*）隐存种复合群以持久方式传播。

田间典型症状

叶片变小、皱缩、褪绿和曲叶。植株矮化。

十、甜瓜蚜传黄化病毒（*Melon aphid-borne yellows virus*, MABYV）

2008年，向海英等首次在我国北京的甜瓜和冬瓜上发现MABYV。目前仅在我国的北京、辽宁、山东、安徽、台湾、江西、海南以及泰国有报道发生。MABYV的生物学特性、传播特性及地理分布尚无详细报道。

分类地位

Riboviria>*Orthornavirae*>*Kitrinoviricota*>*Tolucaviricetes*>*Tolivirales*>*Luteoviridae*> *Polerovirus*>*Melon aphid-borne yellows virus*

形态学和基因组

病毒粒子为球状，无包膜，直径约为23nm。

单分体基因组，由1条ssRNA（＋）组成，基因组大小约为5.7kb，RNA的5'端具有VPg，3'端既无Poly（A）结构，也无类似tRNA结构。含有6个ORF，分别编码P0、P1、RdRp、CP、MP和RTD。基因组结构参见图2-7。

寄主范围

目前仅在甜瓜、瓠子、冬瓜、丝瓜、西瓜、南瓜、葫芦、苦瓜和栝楼等瓜菜作物上发现。

传播方式

通过蚜虫传播。

田间典型症状

叶片黄化。

十一、西瓜银斑驳病毒（*Watermelon silver mottle virus*, WSMoV）

WSMoV引起的病害最早于1982年在日本冲绳县发现，目前仅在日本、泰国、中国和俄罗斯有报道。1995年，我国首次在台湾的西瓜上检测到WSMoV，目前广东、云南和海南等地已有发生报道。

分类地位

Riboviria>Orthornavirae>Negarnaviricota>Polyploviricotina>Ellioviricetes> Bunyavirales>Tospoviridae>Orthotospovirus>Watermelon silver mottle orthotospovirus

形态学和基因组

病毒粒子呈准球状，有包膜，直径约为75～100nm。

三分体基因组，单个病毒粒子包裹大、中、小3个线形ssRNA，L RNA为负义，长度约8.2kb，编码RdRp；M RNA为双义，长度约4.9kb，病毒链编码非结构蛋白NSm，互补链编码G1/G2糖蛋白前体蛋白Gp；S RNA为双义，长度约3.5kb，病毒链编码非结构蛋白NSs，互补链编码核衣壳蛋白N，基因组结构参见图3-1。

传播方式

主要通过棕榈蓟马（*Thrips palmi*）以持久方式传播，也可通过机械接种传播。

寄主范围

目前仅在葫芦科的西瓜、甜瓜、黄瓜，茄科的辣椒、番茄、异叶酸浆、小酸浆和天南星科的彩色马蹄莲上发现。

田间典型症状

　　西瓜和冬瓜上的症状为叶片银色斑驳和变形，果实褪绿斑驳。苦瓜、甜瓜和黄瓜上表现为褪绿和坏死斑点。辣椒上表现为褪绿、环斑和同心轮纹，果实表现环斑和颜色不均匀等症状。

黄瓜病毒病　　①~④ 花叶

黄瓜病毒病 ⑤～⑧ 花叶

黄瓜病毒病　　⑨~⑪花叶；⑫~⑭黄化

黄瓜病毒病　　⑮～⑯ 皱缩；⑰ 矮化；⑱ 严重感染病毒病的植株

南瓜病毒病　　①~② 花叶

南瓜病毒病 ③~⑦ 花叶

南瓜病毒病　⑧~⑩ 花叶；⑪~⑫ 花叶、皱缩

南瓜病毒病　⑬ 花叶、皱缩；⑭ 黄化

冬瓜病毒病 ① 花叶、皱缩；② 畸形；③ ~ ④ 花叶

瓠子病毒病 ①~④ 花叶

毛节瓜病毒病　① 皱缩；② ~ ③ 花叶；④ 斑驳
丝瓜病毒病　⑤ 花叶；⑥ 皱缩

苦瓜病毒病　① 皱缩；② 黄化

甜瓜病毒病　　①~⑥ 花叶

西瓜病毒病 ①～⑦ 黄斑花叶

西瓜病毒病 ⑧～⑨ 花叶；⑩ 小叶、丛簇；⑪～⑫ 皱缩

第四章

豆科蔬菜病毒病害

目前侵染豆科植物的病毒至少涉及27个科，65个属，512个种。我国已报道的侵染豆科蔬菜的病毒至少涉及15个科，18个属，37个种（含1个未确定属）（表4-1）。

海南菜豆上的病毒主要为CMV、菜豆普通花叶病毒（*Bean common mosaic virus*，BCMV）和蚕豆萎蔫病毒2号（*Broad bean wilt virus 2*，BBWV2）。菜豆受病毒侵染后主要表现3种典型症状。①花叶型：叶片表现斑驳、疱斑，皱褶，淡绿至黄色不均匀褪色，明脉和叶脉扭曲等症状。有时叶片脉间褪绿黄化，但主脉和侧脉仍保持绿色，黄化部分后期坏死；②皱褶型：皱褶、斑驳和叶缘下卷；③丛矮型：叶片皱缩，顶芽生长受抑，植株矮小、丛簇，一般不结荚。

海南豇豆上的病毒主要为CMV、豇豆轻斑驳病毒（*Cowpea mild mottle virus*，CPMMV）和紫云英矮宿病毒（*Milk vetch dwarf virus*，MDV）。豇豆受病毒侵染后主要表现3种典型症状。①花叶型：花叶、脉间均匀或不均匀褪绿、黄绿相间斑驳、明脉、斑块状褪色等；②黄化型：叶片呈亮黄色；③皱褶型：叶片轻度至重度皱褶、疱斑、扭曲、疣状突起和叶缘缢缩。

表4-1 侵染我国豆科蔬菜的病毒种类

序号	中文名称	学名	科属名称
1	野豌豆潜隐病毒M	*Vicia cryptic virus M*	*Amalgaviridae*，*Amalgavirus*
2	豇豆轻斑驳病毒	*Cowpea mild mottle virus*	*Betaflexiviridae*，*Carlavirus*
3	苜蓿花叶病毒	*Alfalfa mosaic virus*	*Bromoviridae*，*Alfamovirus*
4	黄瓜花叶病毒	*Cucumber mosaic virus*	*Bromoviridae*，*Cucumovirus*
5	马铃薯S病毒	*Potato virus S*	*Betaflexiviridae*，*Carlavirus*
6	番茄褪绿病毒	*Tomato chlorosis virus*	*Closteroviridae*，*Crinivirus*
7	菜豆内源RNA病毒1号	*Phaseolus vulgaris alphaendornavirus 1*	*Endornaviridae*，*Alphaendornavirus*
8	菜豆曲叶矮化病毒	*Common bean curly stunt virus*	*Geminiviridae*，未确定属
9	赛葵黄脉病毒	*Malvastrum yellow vein virus*	
10	苎麻花叶病毒	*Ramie mosaic virus*	*Geminiviridae*，*Begomovirus*
11	烟草曲茎病毒	*Tobacco curly shoot virus*	
12	云南烟草曲叶病毒	*Tobacco leaf curl Yunnan virus*	

（续表）

序号	中文名称	学名	科属名称
13	中国番茄黄化曲叶病毒	*Tomato yellow leaf curl China virus*	
14	双柏番茄黄化曲叶病毒	*Tomato yellow leaf curl Shuangbai virus*	*Geminiviridae，Begomovirus*
15	番茄黄化曲叶病毒	*Tomato yellow leaf curl virus*	
16	豌豆耳突花叶病毒1号	*Pea enation mosaic virus 1*	*Luteoviridae，Enamovirus*
17	大豆矮缩病毒	*Soybean dwarf virus*	*Luteoviridae，Luteovirus*
18	鹰嘴豆褪绿矮化病毒	*Chickpea chlorotic stunt virus*	*Luteoviridae，Polerovirus*
19	紫云英矮宿病毒	*Milk vetch dwarf virus*	*Nanoviridae，Nanovirus*
20	野豌豆潜隐病毒	*Vicia cryptic virus*	*Partitiviridae，Alphapartitivirus*
21	菜豆普通花叶病毒	*Bean common mosaic virus*	
22	菜豆黄化花叶病毒	*Bean yellow mosaic virus*	
23	三叶草黄脉病毒	*Clover yellow vein virus*	
24	番木瓜环斑病毒	*Papaya ringspot virus*	
25	花生条纹病毒	*Peanut stripe virus*	
26	豌豆种传花叶病毒	*Pea seed-borne mosaic virus*	*Potyviridae，Potyvirus*
27	马铃薯Y病毒	*Potato virus Y*	
28	马铃薯V病毒	*Potato virus V*	
29	大豆花叶病毒	*Soybean mosaic virus*	
30	芜菁花叶病毒	*Turnip mosaic virus*	
31	西瓜花叶病毒	*Watermelon mosaic virus*	
32	小西葫芦黄花叶病毒	*Zucchini yellow mosaic virus*	
33	蚕豆萎蔫病毒2号	*Broad bean wilt virus 2*	*Secoviridae，Fabavirus*
34	豌豆耳突花叶病毒2号	*Pea enation mosaic virus 2*	*Tombusviridae，Umbravirus*
35	甜瓜黄斑病毒	*Melon yellow spot orthotospovirus*	*Tospoviridae，Orthotospovirus*
36	番茄斑萎病毒	*Tomato spotted wilt orthotospovirus*	
37	烟草花叶病毒	*Tobacco mosaic virus*	*Virgaviridae，Tobamovirus*

一、黄瓜花叶病毒（*Cucumber mosaic virus*，CMV）

CMV的详细描述见第二章。

二、菜豆普通花叶病毒（*Bean common mosaic virus*，BCMV）

BCMV是一种世界性分布的病毒。1917年由美国Stewart和Reddick首次在菜豆上发现。1934年Pierce将其命名为菜豆普通花叶病毒。目前已经成为侵染豆科作物的发生最严重的马铃薯Y病毒属病毒之一。

分类地位

Riboviria>Orthornavirae>Pisuviricota>Stelpaviricetes>Patatavirales>Potyviridae>Potyvirus>Bean common mosaic virus

形态学和基因组

病毒粒子为弯曲线状，无包膜，长为700～770nm，直径为12～15nm。

单分体基因组，由1条ssRNA（＋）组成，全长约10kb，5'端结合有VPg，3'端有Poly（A）。含1个ORF，编码1个大的多聚蛋白，随后经加工、切割形成具有不同功能的蛋白，分别为P1-Pro、HC-Pro、P3、6K1、CI、6K2、NIa-VPg、NIa-Pro、NIb和CP。基因组结构参见图2-6。

寄主范围

主要侵染菜豆、豇豆、绿豆、花生、大豆、赤豆、扁豆、瓜尔豆、野生大豆、紫花大翼豆、棉豆、黑吉豆和三裂叶豇豆等豆科植物，还可侵染姜科、桑科、茄科、唇形科、兰科和胡麻科植物。

传播方式

BCMV的田间传播途径多样，不仅可由多种蚜虫，如豌豆蚜（*Acyrthosiphon pisum*）、甜菜蚜（*Aphis fabae*）、桃蚜（*Myzus persicae*）和豆蚜（*Aphis craccivora*）

等以非持久性方式传播。还可通过机械接种、种子和花粉传播。BCMV种子带毒率极高，且不规律的分布在豆荚中。

田间典型症状

叶片表现花叶、亮黄色、明脉、变窄、卷曲和皱缩等症状，部分感病植株的下部叶片呈淡红色的皱缩花叶，严重时豆荚斑驳或畸形。

三、豇豆轻斑驳病毒（*Cowpea mild mottle virus*，CPMMV）

1973年，Brunt等首次描述了西非加纳豇豆（*Vigna unguiculate*）上的CPMMV。目前CPMMV主要分布在非洲、亚洲、欧洲、北美洲、南美洲等热带和亚热带地区。我国目前仅在海南、安徽和台湾的豇豆、大豆和菜豆上发现该病毒的侵染。

分类地位

Riboviria>*Orthornavirae*>*Kitrinoviricota*>*Alsuviricetes*>*Tymovirales*>*Betaflexiviridae*>*Quinvirinae*>*Carlavirus*>*Cowpea mild mottle virus*

形态学和基因组

病毒粒子为略弯曲的线状，无包膜，长约650nm，直径约13nm。

单分体基因组，由1条ssRNA（＋）组成，全长约8.2kb，3'端有Poly（A），含6个ORF，分别编码RdRp、三重基因块1（Triple gene block 1，TGB1）、三重基因块2（Triple gene block 2，TGB2）、三重基因块3（Triple gene block 3，TGB3），CP和核酸结合蛋白（NB）。基因组结构见图4-1。

寄主范围

田间主要侵染豇豆、菜豆、黑吉豆、绿豆、大豆、棉豆、鲣豆、花生、小鹿藿、南美山蚂蝗和圆锥山蚂蝗等豆科植物，还可侵染紫茉莉科、白花菜科、唇形科和菊科等其他科植物。

传播方式

田间主要由烟粉虱以半持久方式传播，也可通过种子和机械接种进行传播。

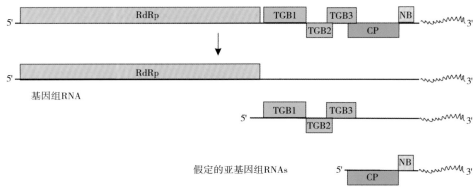

图4-1 豇豆轻斑驳病毒的基因组结构

（引自ViralZone https://viralzone.expasy.org/，略有改动）

叶片一般表现轻微斑驳或斑驳黄化。CPMMV单独侵染症状相对较轻，然而与其他植物病毒复合侵染，可导致严重的产量损失。

四、紫云英矮缩病毒（*Milk vetch dwarf virus*，MDV）

1953年，Matsuura首次描述了发生在日本的由MDV引起的紫云英病害，MDV目前主要分布在日本、朝鲜、韩国、中国、孟加拉国等亚洲国家。我国江苏、山东、安徽、甘肃和山东等地已有发生报道。

分类地位

Monodnaviria＞*Shotokuvirae*＞*Cressdnaviricota*＞*Arfiviricetes*＞*Mulpavirales*＞*Nanoviridae*＞*Nanovirus*＞*Milk vetch dwarf virus*

形态学和基因组

病毒粒子为球状，无包膜，直径为18～26nm。

多分体基因组，含8个组分（DNA-R、DNA-S、DNA-C、DNA-M、DNA-N、DNA-U1、DNA-U2、DNA-U4），分别包裹在不同的粒子中，每个组分由1条环状ssDNA组成，大小约为1kb，含1个ORF，编码1个蛋白。DNA-R、DNA-S、DNA-C、DNA-M和DNA-N分别编码主复制蛋白（Master replication protein，M-REP）、CP、

细胞周期相关蛋白（Cell-cycle link protein，Clink）、MP和核穿梭蛋白（Nuclear shuttle protein，NSP）。DNA-U1、DNA-U2和DNA-U4编码未知功能蛋白。经常伴随有2～3个α卫星分子，卫星分子均编码复制起始相关蛋白。

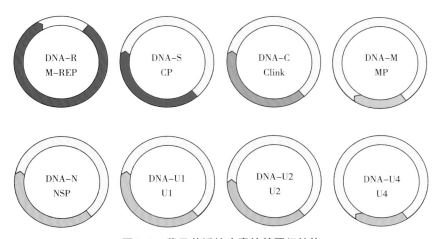

图4-2　紫云英矮缩病毒的基因组结构
（引自ViralZone https://viralzone.expasy.org/）

传播方式

田间主要由豆蚜以非持久性方式传播。

寄主范围

田间主要侵染紫云英、蚕豆、扁豆、荷兰豆、绿豆、豇豆和大豆等豆科植物，还可侵染茄科、番木瓜科、百合科和夹竹桃科等其他科植物。

田间典型症状

叶片黄化和卷曲，植株矮缩。

五、蚕豆萎蔫病毒2号（*Broad bean wilt virus 2*，BBWV2）

BBWV2是一种世界性分布的病毒。1947年，Stubbs首次在澳大利亚的蚕豆上发现。1982年，奚仲兴等首次在我国北京的豇豆上发现。BBWV2在我国分布广泛。

分类地位

Riboviria>Orthornavirae>Pisuviricota>Pisoniviricetes>Picornavirales>Secoviridae>
Comovirinae>Fabavirus>Broad bean wilt virus 2

形态学和基因组

病毒粒子为球状，无包膜，直径约为25nm。

二分体基因组，由2条ssRNA（＋）组成，分别包裹在不同的病毒粒子中，5'端可能结合有VPg，3'端有Poly（A）。RNA1长约5.9kb，含1个ORF，编码1个约210kD的多聚蛋白，经加工、切割产生蛋白酶辅助因子（Proteinase co-factor，Co-Pro）、具有NTP结合域特征的序列模体（NTP-binding motif，NTBM）、VPg、蛋白酶（Proteinase，Pro）和依赖于RNA的RNA聚合酶（RNA-directed RNA polymerase，Pol）5种不同功能的蛋白。RNA2长约3.6kb，含1个ORF，编码1个约119kD的多聚蛋白，经加工、切割产生MP、外壳蛋白大亚基（Large coat protein，LCP）和外壳蛋白小亚基（Small coat protein，SCP）3种不同功能的蛋白。

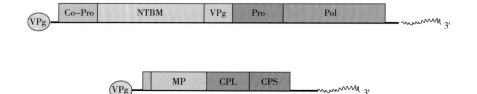

图4-3 蚕豆萎蔫病毒2号的基因组结构
（引自ViralZone https://viralzone.expasy.org/，略有改动）

寄主范围

BBWV2田间自然寄主非常广泛，不仅可以侵染豇豆、豌豆、菜豆、蚕豆、辣椒、番茄、烟草等豆科和茄科植物，还可侵染十字花科、菊科、玄参科、唇形科、石竹科、薯蓣科和胡麻科等其他科植物。

传播方式

主要由蚜虫以非持久性方式传播，也可通过机械接种传播。

田间典型症状

叶片主要表现为花叶和皱缩，植株顶端坏死、矮化、萎蔫甚至整株枯死。

菜豆病毒病　　①～⑥ 花叶

菜豆病毒病　⑦~⑩ 花叶

菜豆病毒病　　⑪~⑫ 花叶

菜豆病毒病　　⑬～⑯皱褶；⑰～⑱丛矮

豇豆病毒病　　①～⑤ 花叶

豇豆病毒病 ⑥~⑩ 花叶

豇豆病毒病　　⑪～⑭ 黄化

豇豆病毒病　⑮～⑲ 皱褶

第五章

其他科蔬菜病毒病害

　　小白菜、萝卜、空心菜、芹菜、生菜和菠菜等蔬菜种植面积小，生长周期短，一般供应本地市场，这些蔬菜上的病毒病发生率比较低，给生产带来的危害较少。

　　海南小白菜和萝卜等十字花科蔬菜上的病毒主要为CMV和芜菁花叶病毒（*Turnip mosaic virus*，TuMV），受病毒侵染后表现为花叶、黄脉、扭曲、脉带、坏死、皱缩等症状；空心菜上的病毒主要为TuMV，受病毒侵染后表现为花叶、叶片上卷、从叶尖开始叶肉褪绿至白化、主脉保持绿色等症状；芹菜上的病毒主要为TMV和CMV，受病毒侵染后表现为花斑症状；菠菜上的病毒主要为TMV和CMV，受病毒侵染后表现为斑驳、皱缩和叶缘上卷等症状；生菜和莴笋上的病毒主要为CMV和莴苣花叶病毒（*Lettuce mosaic virus*，LMV），受病毒侵染后表现为花叶和黄色疱斑等症状。

一、黄瓜花叶病毒（*Cucumber mosaic virus*，CMV）

　　CMV的详细描述见第二章。

二、烟草花叶病毒（*Tobacco mosaic virus*，TMV）

　　TMV的详细描述见第二章。

三、芜菁花叶病毒（*Turnip mosaic virus*，TuMV）

　　TuMV是一种世界性分布的病毒，尤其在温带和热带地区危害严重。1921年，Gardner和Kendrick、Schnltz同时在"Journal of Agricultural Research"上首次描述了TuMV引起的十字花科植物病害。1941年，凌立和杨演首次在我国四川油菜上发现由TuMV引起的花叶病。TuMV发生广泛，是目前侵染我国十字花科蔬菜的主要病毒，可引起大白菜孤丁病、油菜花叶病和萝卜花叶病等。虽然该病毒在我国部分省份的葫芦科和茄科蔬菜上的检出比例也比较高，但未在海南的葫芦科和茄科蔬菜上检测到。

分类地位

Riboviria>Orthornavirae>Pisuviricota>Stelpaviricetes>Patatavirales>Potyviridae>

Potyvirus>Turnip mosaic virus

形态学和基因组

病毒粒子为略弯曲的线状，无包膜，长约720nm，直径10～12.5nm。

单分体基因组，由1条ssRNA（＋）组成，全长约9.8kb，5'端结合有VPg，3'端有Poly（A）。含1个ORF，编码1个大的多聚蛋白，随后经加工、切割形成具有不同功能的蛋白，分别为P1-Pro、HC-Pro、P3、6K1、CI、6K2、NIa-VPg、NIa-Pro、NIb和CP。基因组结构参见图2-6。

寄主范围

自然寄主范围广泛，不仅侵染白菜、甘蓝、萝卜、油菜、芥菜、葱芥、芝麻菜和西兰花等十字花科植物，还可侵染茄科、豆科、葫芦科、旋花科、菊科、旱金莲科和苋科等其他科植物。

传播方式

主要由多种蚜虫以非持久方式传播，也可通过机械接种传播。

田间典型症状

叶片上表现花叶、明脉、扭曲、黑褐色坏死斑点或环斑等症状，植株矮化。

四、莴苣花叶病毒（*Lettuce mosaic virus*，LMV）

LMV是一种世界性分布的病毒。1921年，Jagger首次在美国佛罗里达州的莴苣上发现由LMV引起的花叶病。1983年，夏俊强等首次在我国山东莴苣上发现LMV，目前陕西、浙江、北京和海南等地的莴苣和豌豆上都有发生报道。

分类地位

Riboviria>Orthornavirae>Pisuviricota>Stelpaviricetes>Patatavirales>Potyviridae>Potyvirus>Lettuce mosaic virus

形态学和基因组

病毒粒子为略弯曲线状，无包膜，长约720～780nm，直径约11～15nm。

单分体基因组，由1条ssRNA（＋）组成，全长约10kb，5'端结合有VPg，3'端有Poly（A）含1个ORF，编码1个大的多聚蛋白，随后经加工、切割形成具有不同功能的蛋白，分别为P1-Pro、HC-Pro、P3、6K1、CI、6K2、NIa-VPg、NIa-Pro、NIb和CP。基因组结构参见图2-6。

寄主范围

田间不仅侵染莴苣、生菜、野莴苣、刺毛莴苣、刚毛牛舌菊和智利猫儿菊等菊科植物，还可侵染豌豆、菠菜、甜菜和长春花等其他科植物。

传播方式

田间主要通过多种蚜虫以非持久性方式传播，也可通过种子和摩擦接种方式传播。种子带毒是田间病害发生的主要初侵染来源。

症　状

叶片表现斑驳、花叶、明脉、黄化、扭曲、坏死斑点和叶缘坏死等症状，植株矮化。生育前期感染LMV的包心莴苣大多不能正常结球。

萝卜病毒病　①脉带和坏死；②花叶

白菜病毒病 ① 耳突、皱缩；② 黄脉、坏死和扭曲

空心菜病毒病　①花叶、边缘上卷；②从叶尖开始叶肉褪绿至白化，主脉保持绿色

芹菜病毒病　　① 花斑
菠菜病毒病　　② 皱缩，叶缘上卷；③ 斑驳

莴笋病毒病　① 皱缩
生菜病毒病　② 花叶；③ 黄色疱斑

主要参考文献

车海彦，曹学仁，贺延恒，等，2020. 海南岛西瓜病毒病种类鉴定及发生分布[J]. 植物病理学报，50（5）：632-636.

车海彦，曹学仁，贺延恒，等，2020. 海南岛黄瓜病毒病种类鉴定及其发生分布研究[J]. 热带作物学报，41（11）：2 280-2 284.

车海彦，曹学仁，刘培培，等，2017. 海南省冬季蔬菜病毒病发生情况调查[J]. 热带农业科学，37（1）：71-74.

车海彦，曹学仁，刘勇，等，2017. 利用小RNA深度测序技术鉴定海南南瓜病毒种类[J]. 热带作物学报，38（11）：2 106-2 111.

车海彦，曹学仁，罗大全，2019. 番木瓜环斑病毒海南南瓜分离物全基因组序列分析[J]. 西北农林科技大学学报（自然科学版），47（3）：38-43+51.

车海彦，曹学仁，禤哲，等，2019. 甜瓜黄斑病毒在海南黄瓜上的发生分布及序列分析[J]. 植物病理学报，49（5）：612-620.

陈炯，陈剑平，2003. 植物病毒种类分子鉴定[M]. 北京：科学出版社.

董云浩，雷喜红，李云龙，等，2019. 警惕种子传带的南方番茄病毒*Southern tomato virus*对我国番茄产业的危害[J]. 植物保护，45（3）：254-256.

龚殿，王健华，吴育鹏，等，2011. 辣椒脉斑驳病毒文昌分离物基因组测序及分析[J]. 基因组学与应用生物学，30（5）：583-589.

海南省统计局，国家统计局海南调查总队，2019. 海南统计年鉴[M]. 北京：中国统计出版社.

洪健，李德葆，周雪平，2001. 植物病毒分类图谱[M]. 北京：科学出版社.

洪益国，蔡健和，王小凤，等，1994. 中国南瓜曲叶病毒：一个双生病毒新种[J]. 中国科学（B辑：化学），24（6）：608-613.

李月月，周文鹏，路思倩，等，2020. 番茄斑驳花叶病毒在我国茄科作物上的发生及生物学特性[J]. 中国农业科学，53（3）：539-550.

刘成科，2008. 蚕豆萎蔫病毒2号细胞病理学及VP37蛋白的功能研究[D]. 杭州：浙江大学.

刘勇，李凡，李月月，等，2019. 侵染我国主要蔬菜作物的病毒种类、分布与发生趋势[J]. 中国农业科学，52（2）：239-261.

马宇欣，李世访，2016. 高通量测序技术在鉴定木本植物双生病毒中的应用[J]. 植物保护，42（6）：1-10+50.

彭斌，2019. 中国葫芦科作物病毒的分布、多样性及进化研究[D]. 武汉：华中农业大学.

钱亚娟，徐毅，周琦，等，2014. 利用深度测序技术发掘植物病毒资源[J]. 中国科学：生命科学，44

（4）：351-363.

申冕，崔百明，刘贞，等，2020. 新疆辣椒中BPEV和PCV2的鉴定与分析[J]. 植物病理学报，50
（1）：20-27.

王峰，任春梅，季英华，等，2014. 黄瓜绿斑驳花叶病毒海南分离物基因组测定与毒源分析[J]. 植物保
护，40（6）：75-81.

王健华，2012. 海南黄灯笼辣椒病毒病原学及RNAi防控策略研究[D]. 海口：海南大学.

王雨蒙，何亚洲，刘树生，等，2020. 烟粉虱传播植物病毒特性及机制研究进展[J]. 科学通报，65
（15）：1 463-1 475.

吴乃虎，2002. 基因工程原理[M]. 北京：科学出版社.

吴云锋，1999. 植物病毒学原理与方法[M]. 西安：西安地图出版社.

夏俊强，1985. 国外莴苣花叶病毒的研究[J]. 莱阳农学院学报（1）：133-138.

向本春，谢浩，崔星明，等，1994. 新疆辣椒轻微斑驳病毒的分离鉴定[J]. 病毒学报（3）：240-245.

严婉荣，赵志祥，肖敏，等，2015. 海南省辣椒、番茄病毒病病原DAS-ELISA定性检测[J]. 广东农业科
学，42（18）：68-72.

杨晓，张宇，陈莎，等，2019. 豇豆轻斑驳病毒海南分离物全基因组序列测定及分子特征[J]. 中国蔬菜
（6）：35-38.

战斌慧，周雪平，2018. 高通量测序技术在植物及昆虫病毒检测中的应用[J]. 植物保护，44（5）：
120-126+167.

张振铎，李明福，2003. 中国芜菁花叶病毒研究进展[J]. 植物检疫，17：18-22.

张仲凯，李毅，2001. 云南植物病毒[M]. 北京：科学出版社.

郑红英，陈炯，侯明生，等，2002. 菜豆普通花叶病毒研究进展[J]. 浙江农业学报，14（1）：55-60.

周雪平，钱秀红，刘勇，等，1996. 侵染番茄的番茄花叶病毒的研究[J]. 中国病毒学，11（3）：268-276.

Agrios G N，2005. Plant pathology[M]. 5th Edition. New York：Academic Press.

Ali A，Natsuaki T，2007. *Watermelon mosaic virus*[J]. Plant Viruses，1（1）：80-84.

Brunt A A，Kenten R H，1971. *Pepper veinal mottle virus*-a new member of the potato virus Y group from
peppers（*Capsicum annuum* L. and *C. frutescens* L.）in Ghana[J]. Annals of Applied Biology，69（3）：
235-243.

Brunt A A，Kenten R H，1973. *Cowpea mild mottle*，a newly recognized virus infecting cowpeas（*Vigna
unguiculata*）in Ghana[J]. Annals of Applied Biology，74（1）：67-74.

Che H Y，Luo D Q，Cao X R，2018. First report of *Tomato mottle mosaic virus* in tomato crops in China[J].
Plant Disease，102（10）：2 051.

Desbiez C，Lecoq H，1997. *Zucchini yellow mosaic virus*[J]. Plant Pathology，46（6）：809-829.

Gong D，Wang J H，Lin Z S，*et al.*，2011. Genomic sequencing and analysis of *Chilli ringspot virus*，a
novel potyvirus[J]. Virus Genes，43（3）：439-444.

Iwaki M，Honda Y，Yonaha T，*et al.*，1984. Silver mottle disease of watermelon caused by *Tomato spotted
wilt virus*[J]. Plant Disease，68（11）：1 006-1 008.

Jeyanandarajah P，Brunt A A，1993. The natural occurrence，transmission，properties and possible
affinities of *Cowpea mild mottle virus*[J]. Journal of Phytopathology，137（2）：148-156.

Kato K，Hanada K，Kameya-Iwaki M，1999. Transmission mode，host range and electron microscopy of a pathogen causing a new disease of melon（*Cucumis melo*）in Japan[J]. Japanese Journal of Phytopathology，65（6）：624-627.

Loebenstein G，Lecoq H，2012. Viruses and virus diseases of vegetables in the Mediterranean Basin[J]. Advances in virus research，84：2-570.

Lozano G，Moriones E，Navas-Castillo J，2007. Complete sequence of the RNA1 of an European isolate of *Tomato chlorosis virus*[J]. Archives of Virology，152（4）：839-841.

Mahy B W J，Van Regenmortel M H V，2008. Encyclopedia of Virology[M]. 3rd Edition Oxford：Academic Press.

Okada R，Kiyota E，Sabanadzovic S，*et al.*，2011. Bell pepper endornavirus：molecular and biological properties，and occurrence in the genus *Capsicum*[J]. Journal of General Virology，92（11）：2 664-2 673.

Okuda M，Okazaki S，Yamasaki S，*et al.*，2010. Host range and complete genome sequence of *Cucurbit chlorotic yellows virus*，a new member of the genus *Crinivirus*[J]. Phytopathology，100（6）：560-566.

Ong C A，Varghese G，Ting W P，1979. Aetiological investigations on a veinal mottle virus of chilli（*Capsicum annuum* L.）newly recorded from peninsula Malaysia[J]. Malaysian Agricultural Research and Development Institute Research Bulletin，7：78-88.

Orílio A F，Navas-Castillo J，2009. The complete nucleotide sequence of the RNA2 of the crinivirus *Tomato infectious chlorosis virus*：isolates from North America and Europe are essentially identical[J]. Archives of Virology，154（4）：683-687.

Qazi J，Ilyas M，Mansoor S，*et al.*，2007. *Legume yellow mosaic viruses*：genetically isolated begomoviruses[J]. Molecular Plant Pathology，8（4），343-348.

Sabanadzovic S，Valverde R A，Brown J K，*et al.*，2009. Southern tomato virus：the link between the families *Totiviridaeand* and *Partitiviridae*[J]. Virus Research，140（1-2）：130-137.

Sano Y，Wada M，Hashimoto Y，*et al.*，1998. Sequences of ten circular ssDNA components associated with the *Milk vetch dwarf virus* genome[J]. Journal of General Virology，79（12）：3 111-3 118.

Shattuck V I，2010. The Biology，epidemiology，and control of *Turnip mosaic virus*[J]. Horticultural Reviews，14：199-238.

Trenado H P，Orílio A F，Márquez-Martín B，*et al.*，2011. Sweepoviruses cause disease in sweet potato and related *Ipomoea* spp.：Fulfilling Koch's postulates for a divergent group in the genus *Begomovirus*[J]. PLoS ONE，6（11）：e27329.

Valverde R A，Nameth S，Abdallha O，*et al.*，1990. Indigenous double-stranded RNA from pepper（*Capsicum annuum*）[J]. Plant science，67（2）：195-201.

Wetter C，Conti M，Altschuh D，*et al.*，1984. *Pepper mild mottle virus*，a *Tobamovirus* infecting pepper cultivars in Sicily[J]. Phytopathology，74（4）：405-410.

Xiang H Y，Shang Q X，Han C G，*et al.*，2008. Complete sequence analysis reveals two distinct *Poleroviruses* infecting cucurbits in China[J]. Archives of Virology，153（6）：1 155-1 160.

Yonaha T，Toyosato T，Kawano S，*et al.*，1995. *Pepper vein yellows virus*，a novel *Luteovirus* from bell pepper plants in Japan[J]. Japanese Journal of Phytopathology，61（3）：178-184.